高等学校"十三五"重点规划
电子信息与自动化系列

# 电子测量仪器原理及应用

## （第2版）

主　编　李志刚　战彬彬　马雪飞
主　审　王松武

哈尔滨工程大学出版社
Harbin Engineering University Press

## 内 容 简 介

本书介绍常规电子测量仪器,包括电子电压表、信号发生器、示波器、扫频测量仪与数字电压表。全书分为5章,每章的顺序都是先介绍这些常用仪器的基本原理,然后分析特定的仪器原理,并在分析仪器原理的基础上着重介绍仪器的使用、校准及维护。

本书可以作为高等院校有关专业的教材、各种培训班的教材,也可以作为工程技术人员、电子技术爱好者的自学用书。

## 图书在版编目(CIP)数据

电子测量仪器原理及应用／李志刚,战彬彬,马雪飞主编. —2版. —哈尔滨:哈尔滨工程大学出版社,2019.5

ISBN 978 - 7 - 5661 - 2277 - 3

Ⅰ.①电… Ⅱ.①李… ②战… ③马… Ⅲ.①电子测量设备 Ⅳ.①TM93

中国版本图书馆 CIP 数据核字(2019)第 096775 号

责任编辑　马佳佳
封面设计　刘长友

---

出版发行　哈尔滨工程大学出版社
社　　址　哈尔滨市南岗区南通大街 145 号
邮政编码　150001
发行电话　0451 - 82519328
传　　真　0451 - 82519699
经　　销　新华书店
印　　刷　哈尔滨市石桥印务有限公司
开　　本　787 mm×1 092 mm　1/16
印　　张　10.75
插　　页　4
字　　数　285 千字
版　　次　2019 年 5 月第 2 版
印　　次　2019 年 5 月第 1 次印刷
定　　价　39.80 元

http://www.hrbeupress.com
E-mail:heupress@ hrbeu.edu.cn

# 前　　言

电子测量仪器是工程技术人员的基本工具。合理地选用仪器、正确地制订测量方案、有效地组成测试系统、熟练地使用电子仪器,以及及时有效地对仪器进行校准与维护是工程技术人员应掌握的基本功。

常规电子测量仪器是最传统、最基本的仪器,它是由硬件电路组成的实体。这类仪器的通用性强,操作简单,在使用中处于主导地位。

现代实验室使用的电子测量仪器可以分为智能仪器与虚拟仪器两类。随着计算机技术、电子测量技术、仪器仪表技术、芯片制造技术的发展,人们将这些技术有机地结合在一起,构成了新的仪器——智能仪器。它能够根据被测量参数的变化自动选择量程、自动补偿、自动校正、自动诊断故障等;它可以完成一些需要人类的智慧才能完成的工作,因此被称为智能仪器。智能仪器具有强大的数据存储、数据处理能力和较高的测量精度,是今后电子测量仪器的重要发展方向。

虚拟仪器可以看成是智能仪器的一个分支。虚拟仪器除了必备的硬件系统之外,主要利用软件来完成复杂的控制、分析和数据的采集、处理,因此虚拟仪器建立了"软件仪器"的新概念。利用虚拟环境,人们可以进行网上测量与实验,开展远程教育等。

仪器仪表涉及的知识面极为广泛,采用了一系列的新技术、新器件与新工艺。中大规模集成电路、微处理器、A/D 变换器、D/A 变换器、数据采集器及存储器在仪器仪表中广泛应用。电子测量仪器涵盖了电工基础、电子线路、自动控制、微机原理等各门课程的知识,有的仪表还涉及声、光、磁、机械和传感器等知识。因此,电子测量仪器作为一门独立的学科,在科学技术领域起着重要的作用。

目前,在电子测量仪器的制造业内,生产厂商之间的竞争十分激烈,竞争促进了仪器仪表的发展,更新换代相当迅速。国内外厂商生产的各种新型电子仪器仪表使得当今电子市场呈现一片繁荣景象。本书就是为了适应电子仪器仪表的发展和社会需要而编写的,其主要特点如下:

1. 本书所介绍的仪器仪表都是高等院校、科研单位、企业厂矿中常用的电子仪器,具有通用性强、覆盖面广的特点。

2. 本书在编写体系上,本着由浅入深、先易后难、突出重点的原则介绍仪器仪表。在每一章里,先介绍基本知识或带有共性的内容和各种仪器仪表的组成方案,针对实际的仪器的机型进行分析与学习,叙述整机的工作原理、各部分的参数计算、软硬件分析、信号处理过程等。每一章又具有相对独立性,可以直接阅读。

3. 考虑到仪器仪表是一个整机电路,本身就构成了一个独立的电子系统。本书以系统的观点分析仪器仪表线路,在分析时注重仪器仪表的设计思想和系统的组成,分析硬件原理、软件流程,使本书与电路、电子线路、微机原理等课程紧密结合。这样对于巩固前述知识、提高整机识图能力和工程估算能力是有实用价值的。仪器仪表中采用的新器件、新技术、新工艺能开拓人们的思路,具有借鉴意义。

本书的第 1 章、第 2 章与第 3 章由李志刚编写,第 4 章由战彬彬编写,第 5 章由马雪飞编写。全书由王松武主审。

由于作者水平有限,书中难免存在不妥和错误之处,恳请读者批评指正。

编　者

2019 年 3 月

# 目　　录

# 第1章

# 电子电压表

## 1.1 概　　述

电压、电流、功率是表征电信号能量的三个重要参量。但是在测量中,测量电压最为方便,且测量电压的机会最多,这是因为:许多非电量如温度、压力等都可转化为电压来测量;此外,诸如失真度、调制度等电压的派生量也是通过测量电压来实现的。因此,电压测量仪器是电子测量仪器中最基本、最常用的仪器。

### 1.1.1 电压测量仪器的分类

广义的电压测量仪器分为模拟式和数字式两大类。模拟式(即指针式)电压表具有灵敏度高、刻度线性好、测量范围广、频带宽的优点,但输入阻抗低、测量精度差;数字式电压表采用 A/D 变换技术将模拟电压转变为数字电压进行测量,其优点是测量精度高、测量速度快、易于实现测试自动化,但只适于测量直流电和频率较低的正弦交流电。数字式电压表是电压测量技术的重要发展方向。

本章介绍的电子电压表属于模拟式电压表,通常称为电子电压表。

电子电压表是常用的测量仪器之一,是各类测量仪器中较为简单的一种仪表。电子电压表是在万用表的基础上加上放大环节,把微弱的被测电压加以放大,然后再利用磁电式电流表头进行测量,使电压表的灵敏度大为提高,特别是扩大了测量量程的下限。有的电子电压表也像万用表那样,做成多用式的,可测电压、电阻、电流,故有繁用表之称。指针式电子电压表又称为模拟电压表。如果说万用表是无源网络,电子电压表便为有源网络。

### 1.1.2 对电压测量的基本要求

对电压测量提出的基本要求,也是电子电压表所具有的特点。

(1)测量的频率范围宽,从零赫兹(直流)到几吉赫兹。

(2)输入阻抗高,以减轻对被测电压的影响。一般电子电压表的输入电阻达 1 MΩ,接入探头可达 10 MΩ。

(3)测量范围大,从零点几微伏到几十千伏。

(4)测量精度高,模拟电压表测量交流电压可达$10^{-3}$的精度,数字电压表测量直流电压可达$10^{-6}$的精度。

(5)测量范围广,除测正弦电压外,还能测非正弦电压和脉冲电压。

(6)抗干扰能力强。

### 1.1.3 电子电压表的基本结构

电子电压表一般由五部分组成,即分压器、磁电式指示表头、检波器、放大器和整机电源。有的电子电压表做成斩波式放大器,因此设有调制器和解调器。按检波器在放大器之前或之后,电子电压表有两种组成形式,即放大 – 检波式和检波 – 放大式。

#### 1. 放大 – 检波式

放大 – 检波式电子电压表的结构框图如图 1 – 1 所示。这种方案是用放大器将被测信号预先放大,提高灵敏度;检波器进行大信号检波,避免了因检波器的非线性产生的失真;又由于在放大器之前有阻抗变换器,输入阻抗较高。这些优点对于测量小信号很有利。其缺点是被测信号的频率受到放大器带宽的限制,影响了整机的带宽。放大 – 检波式的通频带一般为 2 Hz ~ 10 MHz,测量的最小幅值为几百微伏或几毫伏,因此一般称为低频毫伏表。

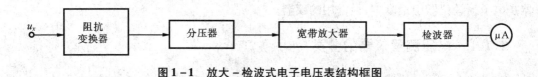

**图 1 – 1 放大 – 检波式电子电压表结构框图**

#### 2. 检波 – 放大式

检波 – 放大式电子电压表的结构框图如图 1 – 2 所示。这种方案的特点是被测信号先检波后放大,因此带宽主要取决于检波器,其带宽很宽,上限频率可达 1 000 MHz,故有超高频毫伏表之称。但其缺点是不能进行阻抗变换,输入阻抗低,最小量程是毫伏级,检波器工作于小信号检波状态,非线性失真大,影响测量精度。

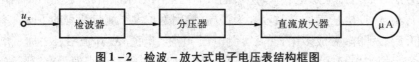

**图 1 – 2 检波 – 放大式电子电压表结构框图**

### 1.1.4 电子电压表的性能指标

#### 1. 工作频率范围

工作频率范围是指电子电压表能以规定的准确度进行电压测量的频率范围。这个范围的大小与电子电压表的电路结构有密切的关系,不同类型的电压表都有规定的频率范围。

例如,DA - 16 型低频毫伏表,电路结构是放大 - 检波式,其频率范围为 20 Hz ~ 1 MHz;HFC - 1 型超高频毫伏表,电路结构是检波 - 放大式,其频率范围为 5 kHz ~ 1 000 MHz。因此,必须根据被测信号电压的频率范围选用适当的电子电压表。

### 2. 电压量程和灵敏度

电压量程是指电子电压表可以测量电压的范围;灵敏度是指量程的下限值,而其上限值则取决于电子电压表本机的分压器和衰减探头。例如,DA - 16 型低频毫伏表的量程为 1 mV ~ 300 V;HFC - 1 型超高频毫伏表的量程为 1 mV ~ 3 V,如采用 100:1 衰减探头,测量电压的上限可扩展到 300 V。

### 3. 准确度和工作误差

电子电压表的准确度通常由基本误差、频率附加误差、温度附加误差等系统误差来表征。例如,HFC - 1 型超高频毫伏表的电压基本误差:1 mV 挡时小于 ±10% ,3 mV 挡时小于 ±5%;频率附加误差:5 kHz ~ 500 MHz 时小于 ±5%;电源附加误差:220 V ± 10% 时小于 ±1%。当然,不同类型的电子电压表的准确度是不同的。一般来说,电子电压表的基本误差为 ±2% 左右,而频率误差的出入较大,为 ±2% ~ ±10%。

### 4. 输入阻抗

输入阻抗是指输入电阻 $R_i$ 和输入电容 $C_i$ 的并联值。输入阻抗的大小对测量电压的准确度有很大影响,我们希望 $R_i$ 越大越好,$C_i$ 越小越好。例如,DA - 16 型低频毫伏表的输入电阻大于 1 MΩ,输入电容约 50 pF,而 HFC - 1 型超高频毫伏表的输入电阻大于 50 kΩ,输入电容小于 2 pF。在使用中常采用衰减探头以提高输入阻抗。

## 1.2　电子电压表中的典型应用电路

### 1.2.1　分压器

由于电子电压表的灵敏度很高,能测微小电压,当被测电压高时,要用分压器将高电压变为低电压。特别是为适应多量程测量,分压器常做成多挡步进式。电子电压表中的分压器有三种类型。

### 1. 可变分压器

可变分压器如图 1 - 3 所示。当 K 置"1"时,分压比 $k_1 = 1$;当 K 置"2"时,分压比 $k_2 = \dfrac{R_2 + R_3 + R_4}{R_1 + R_2 + R_3 + R_4}$;当 K 置"3"时,分压比 $k_3 = \dfrac{R_3 + R_4}{R_1 + R_2 + R_3 + R_4}$。由此可见,改变波段开关 K 可以很方便地改变量程。

### 2. 补偿式分压器

在可变分压器中,我们都希望采用大的分压电阻,以提高输入阻抗。但分压电阻大,寄生电容的影响变得更为突出而使工作频率降低,因此可采用补偿式分压器(图1-4)。在图1-4中,当电路满足条件

$$R_1 C_1 = R_2 C_2 \tag{1-1}$$

时,电路具有宽频带的平坦的响应。此特性可用阶跃信号激励证明。

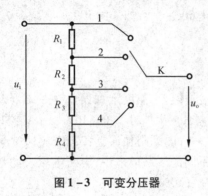

图1-3  可变分压器

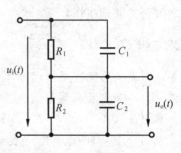

图1-4  补偿式分压器

设输入 $u_i(t)$ 为阶跃信号,从零跃变到 $E$,应用快速公式

$$u_o(t) = f(\infty) + [f(0^+) - f(\infty)] e^{-\frac{t}{\tau}} \tag{1-2}$$

其中,瞬态值 $u_o(0^+) = \dfrac{C_1}{C_1 + C_2} E$;稳态值 $u_o(\infty) = \dfrac{R_2}{R_1 + R_2} E$;时间常数 $\tau = RC$。则

$$u_o(t) = \frac{R_2}{R_1 + R_2} E + \left( \frac{C_1}{C_1 + C_2} E - \frac{R_2}{R_1 + R_2} E \right) e^{-\frac{t}{\tau}} \tag{1-3}$$

当电路参数不同时,有三种响应状态,即:

状态一:当 $\dfrac{C_1}{C_1 + C_2} > \dfrac{R_2}{R_1 + R_2}$ 时,$R_1 C_1 > R_2 C_2$,即 $u_o(0^+) > u_o(\infty)$,过补偿。

状态二:当 $\dfrac{C_1}{C_1 + C_2} < \dfrac{R_2}{R_1 + R_2}$ 时,$R_1 C_1 < R_2 C_2$,即 $u_o(0^+) < u_o(\infty)$,欠补偿。

状态三:当 $\dfrac{C_1}{C_1 + C_2} = \dfrac{R_2}{R_1 + R_2}$ 时,$R_1 C_1 = R_2 C_2$,即 $u_o(0^+) = u_o(\infty)$,临界补偿。

三种补偿所对应的响应如图1-5所示。易见,在 $R_1 C_1 = R_2 C_2$ 临界补偿时,输出 $u_o(t)$ 是不失真的阶跃信号,这时网络具有宽频带特性。

### 3. 带源极输出器的分压器

在补偿式分压器中,引入 $C_1$,$C_2$ 可减轻分布电容的影响,展宽频带,但却使输入电容增加,引起输入阻抗变低。因此,用源极输出器以提高输入阻抗(图1-6),亦可用射极输出器。

## 1.2.2  检波器

电子电压表中常用的检波器有均值式和峰值式两种。

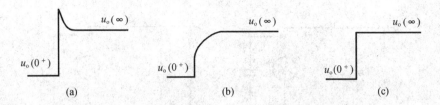

**图1-5 三种补偿所对应的响应**

(a)过补偿;(b)欠补偿;(c)临界补偿

### 1. 均值检波器的工作原理

均值检波器有两类,图1-7中(a)(b)为半波式,图1-7中(c)(d)为全波式。但无论哪种类型,均值检波器都要求电路的时间常数很小,所以检波后不接RC充放电回路,表头两端一般并联一个小电容C,是为防止表头流过交流电使表针抖动,以及消除表头动圈内阻产生的热损耗。以图1-7(c)电路为例,设被测电压为$u_i(t)$,四个二极管具有相同的正向电阻$R_d$,微安表内阻为$R_m$,于是二极管导通而流过微安表的正向平均电流为

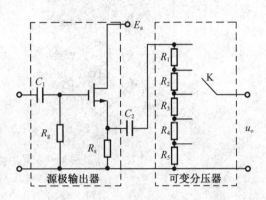

**图1-6 带源极输出器的分压器**

$$\bar{I} = \frac{1}{T}\int_0^T \frac{|u_i(t)|}{2R_d + R_m}dt = \frac{\bar{U}}{2R_d + R_m} \tag{1-4}$$

易见,流过表头的电流$\bar{I}$正比于被测电压的平均值$\bar{U}$,故表头可按电压定度。注意到在式(1-4)中并未涉及被测电压$u_i(t)$的波形,即表头示值正比于被测电压的平均值而与波形无关。由于被测交流电压大多数为正弦电压,而且希望测量其有效值,所以表头都以正弦电压的有效值定度,即表头示值即为被测正弦电压的有效值,即

$$\alpha = U = k_F\bar{U} \tag{1-5}$$

其中,$\alpha$为电压表读数(示值);$U$为正弦电压有效值;$k_F$为波形因数,对于正弦波全波检波器$k_F = 1.11$(半波检波器$k_F = 2.22$)。由于不同波形电压的$k_F$值不同,故当用这类电压表测非正弦电压时,其示值$\alpha$无直接的物理意义,只有把读数除以1.11后才是被测电压的全波平均值,即

$$\bar{U} = \frac{\alpha}{1.11} = 0.9\alpha \tag{1-6}$$

然后由被测电压的波形因数$k_F$,按式(1-5)计算出该电压的有效值。

均值检波器的输入阻抗为

$$R_i = 2R_d + \frac{8}{\pi^2}R_m \tag{1-7}$$

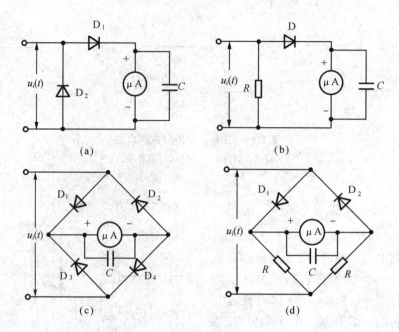

图 1-7　常用均值检波电路

(a)(b)半波式;(c)(d)全波式

设 $R_d = 500\ \Omega$,$R_m = 1\ k\Omega$,得 $R_i = 1.8\ k\Omega$。可见均值检波器的输入阻抗很低,因此多用于放大-检波式电压表中,前面可加射极跟随器等阻抗变换装置。

### 2. 均值检波器的线性补偿

由于检波二极管伏安特性的非线性,特别在小信号检波时非线性尤为严重,因而造成表头刻度起始部分的非线性,为此对检波器采取线性补偿措施。常用的补偿电路如图 1-8、图 1-9、图 1-10 所示。

在图 1-8 中,利用二极管 $D_5$ 的内阻动态变化做补偿。补偿的原理是:当输入信号很小时,$D_5$ 内阻增加,流过 $D_5$ 支路的电流很小,但流过表头的电流增加,表头读数增加。这种补偿电路简单,但由于 $D_5$ 的阻尼作用使表头灵敏度降低。图 1-9 的补偿原理与图 1-8 基本相同,当输入信号很小时,$D_1$、$D_2$ 的内阻较大,流经 $D_1$、$D_2$ 反馈支路的电流较小,放大器的增益较高,表头读数增加。这种补偿利用的是放大器的级间负反馈,因此补偿的范围较大。图 1-10 的补偿原理是:当输入信号较小时,检波二极管的非线性使输出电流偏小,负反馈电压小,放大器增益高。这种补偿范围宽、线性好。

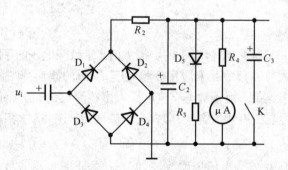

图 1-8　简单的线性补偿电路

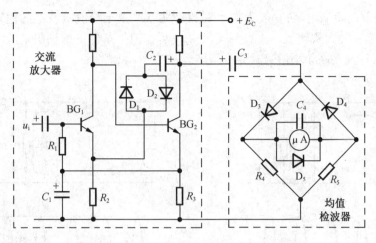

**图 1 – 9 放大器级间负反馈补偿电路**

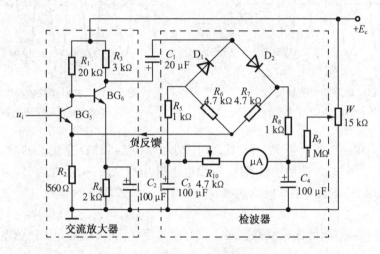

**图 1 – 10 闭环负反馈线性补偿电路**

### 3. 峰值检波器的工作原理

峰值检波器是检波后的直流电压正比于输入交流电压峰值的检波器,有串联型和并联型两类,其基本电路和工作波形如图 1 – 11、图 1 – 12 所示。

在图 1 – 11 和图 1 – 12 中,若信号源内阻 $R_s$ 忽略不计,则充电时间常数 $\tau_C = R_d C$,放电时间常数 $\tau_D = RC$。其中 $R_d$ 为二极管 D 的正向电阻,因此峰值检波器满足条件:

$$\begin{cases} \tau_C = R_d C \ll \tau_D = RC \\ RC \gg T_{max} \end{cases} \tag{1 – 8}$$

其中,$T_{max}$ 为被测电压的最大周期。由式(1 – 8)易知,电容 $C$ 上总是充有输入电压的峰值,二极管 D 仅在输入电压峰值到来时才导通,其导通角 $\theta$ 趋近于 0°,因此二极管工作于乙类,使峰值检波器的输入电阻大为提高,其输入电阻为

$$R_i = \frac{R}{3} \tag{1 – 9}$$

其中,$R$ 为检波器的负载电阻,一般为数十到数百兆欧。由于峰值检波器的输入阻抗较高,因此适于做检波 – 放大式测量。注意到式(1 – 9)是在理想条件下推导出来的,实际输入电阻比计算值小,特别在高频小信号时要小得多。

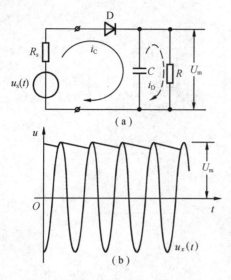

**图 1 – 11  串联型峰值检波器**

(a)基本电路;(b)工作波形

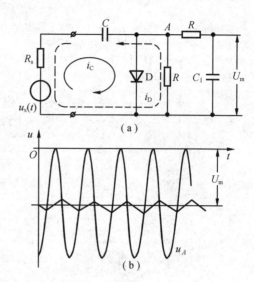

**图 1 – 12  并联型峰值检波器**

(a)基本电路;(b)工作波形

均值检波器中的负载就是微安表,其内阻较小,为 $10^3 \sim 10^4 \ \Omega$ 量级,否则检波灵敏度降低;而在峰值检波器中,为满足检波条件,负载电阻 $R$ 应尽量大些,通常为 $10^7 \sim 10^8 \ \Omega$,因此流经 $R$ 的电流很小,不便于串联电流表测量,应当用高输入阻抗的直流电压表来测量输出的直流电压。

同均值检波器一样,峰值检波器也用正弦有效值定度,表头示值即为正弦电压有效值:

$$\alpha = U = \frac{U_p}{k_p} \qquad\qquad (1 - 10)$$

其中,$\alpha$ 为示值;$U$ 为正弦电压有效值;$U_p$ 为正弦电压峰值;$k_p$ 为波峰因数,对于正弦波 $k_p = \sqrt{2}$。

由于不同波形电压的 $k_p$ 值不同,当测量任意波形时,示值 $\alpha$ 没有直接的物理意义,只有把它乘 $\sqrt{2}$ 后才等于被测电压的峰值,然后根据该电压的波峰因数 $k_p$,按式(1 – 10)计算电压有效值。例如,用峰值检波器测量三角波,示值 $\alpha = 5$ V,则其峰值为 $5\sqrt{2} = 7.07$ V,由于三角波的 $k_p = 1.73$,则其电压有效值为 $U = \dfrac{U_p}{k_p} = \dfrac{7.07}{1.73} = 4.087$ V。

### 4. 双峰值检波器

双峰值检波器又称倍压检波器。图 1 – 13 中的两种电路工作原理相同,仍满足 $\tau_C \ll \tau_D$ 和 $RC \gg T_{max}$,但检波输出的直流电压是输入交流电压峰值的 2 倍。其优点是传输系数大,缺点是输入阻抗低。

### 1.2.3　放大器

电子电压表中的放大器应具有
的特点是：输入阻抗高、频带宽、动态
范围大、线性好。为满足上述要求，
要采取一些电路技术。例如，前置级
采用阴极输出器（射极输出器或源极
输出器）以提高输入阻抗；用较高的
电源供电，采用饱和压降小的三极管
和选取合适的静态工作点以扩大动

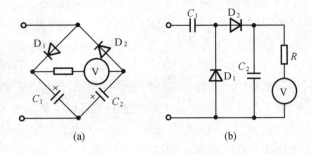

图 1-13　双峰值检波器

态范围；采用线性补偿、负反馈以获得良好的线性；为扩展上限频率，在电子电压表中采用各
种高频补偿措施。高频补偿在仪表中应用相当广泛，这项技术也十分成熟，在后面的章节中
会经常看到高频补偿的实例。常用的高频补偿电路如下：

(1)选用截止频率高的晶体管，尽量用小的集电极负载电阻以减小负载电容和分布
电容。

(2)电路中引入较深的负反馈。如放大器的开环增益为 $A_0$，反馈系数为 $F$，则加负反馈
后高频截止频率扩展为原来的 $(1+A_0F)$ 倍。

(3)采用共射-共集级联电路。共集电路的输入阻抗高，输入电容小，从而减小了共射
电路集电极回路电容；同时它的输出阻抗低，负载电容的影响变小。亦可用共射-共基电
路，由于共基组态的截止频率较高，也能扩展上限频率。

(4)在电路中用电抗元件加以补偿。在分布电容较大或集电极电阻较大时，可在集电
极负载支路中串入电感 $L$，如图 1-14(a) 所示。图中 1-14(a)，$L$ 为高频补偿电感，$C_0$ 为分
布电容，$C_L$ 为负载电容，$R_L$ 为负载电阻。图 1-14(b) 为其交流等效电路。调节 $L$ 大小使之
与 $C_0$、$C_L$ 谐振，可以克服 $C_0$、$C_L$ 的影响，从而使高频端增益提升，其频响曲线如图 1-14(c)
所示。

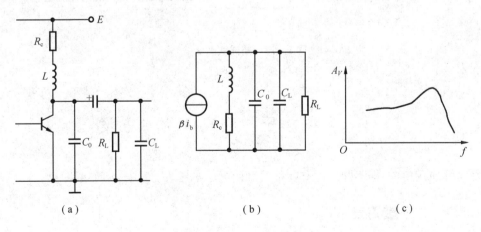

图 1-14　电感高频补偿

(a)电路图；(b)等效电路；(c)频率响应曲线

（5）当电路中的 $R_e$ 或 $R_L$ 较小时，对高频补偿电感 $L$ 的阻尼作用变大，补偿不明显，这时可采用射极并电容 $C_e$。但这时 $C_e$ 不是旁路电容而是容量较小的补偿电容。接入 $C_e$ 后，随频率的增加，放大器的电流串联负反馈减小，因而增益提高，通频带扩展，当满足

$$C_e R_e = (C_0 + C_L)R'_L \tag{1-11}$$

时为最佳补偿。当然也可同时采用集电极串电感 $L$ 和射极并电容 $C_e$，以获得更好的效果。采用以上各种措施后，放大器的通频带可以达到数十兆赫兹，精心设计可达 100 MHz。

（6）为扩展下限频率，采用直流放大器，可使下限频率扩展到直流。但直流放大器不可避免地存在着零点漂移，为克服这一缺陷，有的电子电压表采用斩波式放大器，如图 1-15 所示。其工作原理是：输入电压 $U_i$ 通过斩波器调制变为交流信号 $U_a$，其峰值等于输入电压，经耦合电容 $C_1$ 后成为对称的交流电压 $U_b$，经交流放大器后成为交流电压 $U_c$，经解调和滤波后还原为直流电压。它与输入电压成正比，比例系数即等效的直流放大倍数。调制器和解调器实际上是一组同步工作的模拟开关，即 $K_1$ 和 $K_2$，$K_1$、$K_2$ 由同一控制信号源驱动。当 $K_1$、$K_2$ 断开时，$a$、$b$ 点有输入，$c$、$d$ 点有输出；当 $K_1$、$K_2$ 闭合时，$a \sim d$ 点均无电压，通过 $K_1$、$K_2$ 的开与关将输入直流电压斩波成交流电压，经 $R$、$C_3$ 平滑滤波后即为直流电压。由于斩波放大器有隔直电容 $C_1$ 和 $C_2$，所以不受零点漂移的影响。在实际的斩波式放大器中，调制器都做成平衡式电路。斩波器有机械振子式的，也有电子开关式的，而解调器则采用全波式以提高效率。

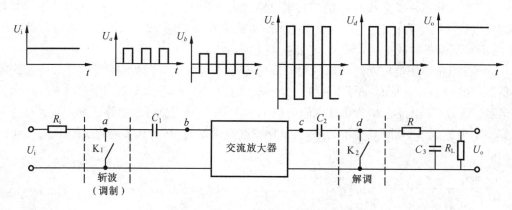

图 1-15　斩波式放大器

# 1.3　各种电子电压表的组成方案

在实际应用中，根据不同用途有各种类型的电子电压表，分别介绍如下。

## 1.3.1　电子繁用表

在普通电子电压表的基础上再增加测量电阻和直流电流的功能，便得到电子繁用表（图 1-16）。由于电子繁用表能做交直流测量，所以其下限频率从零开始，电路必须是直流

放大式,对交流电压的测量必须采用检波－放大式。这些在前面已有叙述,下面介绍电阻挡和直流电流挡。

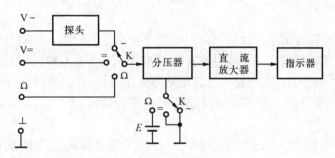

图 1 - 16  电子繁用表方框图

### 1. 电阻挡原理

利用电子电压表测量电阻一般有两种方案,图 1 - 17 是一种方案。它对原电路变动不大,只是在分压器支路增设电源 $E$,表头上增加了一个"$\Omega$"刻度。当被测电阻 $R_x$ 未接入时,电压表的输入电压为 $E$,这时表针满度,即"$\Omega$"挡的 $\infty$ 刻度;当 $R_x$ 接入时,$R_x$ 和欧姆表的内阻 $R_i$ 组成一个分压器,这时电压表的输入电压 $U_i$ 为

$$U_i = \frac{R_x}{R_i + R_x} E \qquad\qquad (1 - 12)$$

当 $R_x = 0$ 时,$U_i = 0$,此即"$\Omega$"刻度的零点。从小到大改变 $R_x$ 值,在"$\Omega$"的刻度相应各点标出阻值,便得到"$\Omega$"刻度。若再利用开关 K 改变内阻 $R_i$,就可分挡测量电阻了。电子欧姆表的第二个方案是将电源 $E$ 移到 $R_x$ 支路去,便得到刻度与上述相反的电子欧姆表。

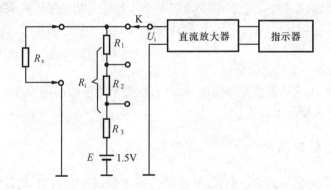

图 1 - 17  电子欧姆表的简化原理图

### 2. 直流电流挡原理

这种方案是使被测电流流过一个已知的标准电阻,然后测量这个电阻上的压降,间接地求得电流,将电流转化为电压进行测量,只不过表头按电流定度。有的电子繁用表还有测 $L$ 和 $C$ 的功能,方法是在仪表的输入端加一个交流电压,把指针调到满度,然后接入 $L$ 或 $C$,从

仪表刻度上直接读出 $L$ 或 $C$ 的数值。

### 1.3.2 电平表

在通信技术中,需要测量和比较电路上电功率的高低。因为人耳对声音强弱的感觉呈对数关系,所以在比较通信线路上电功率的大小时都采用分贝(dB)做单位,能够直接测得分贝数的仪表叫作电平表。在电路中比较电功率大小时,应有一个标准,通常把这个标准定为 1 mW,并规定电路上某点功率大于 1 mW 时电平为正,小于 1 mW 时电平为负,而等于 1 mW 时电平为零。

事实上,在测量和比较电路上的电功率时,往往不是直接测量功率值,而是测量电压的高低。设电路的阻抗是 600 Ω,那么 1 mW 的功率所对应的电压值便是

$$U = \sqrt{PR} = \sqrt{0.001 \times 600} = 0.775 \text{ V} \tag{1-13}$$

因此只要测得电路上的电压值,再和零电平所对应的电压值 0.775 V 比较,根据下面的公式进行计算,就可得到电路上该点电平的分贝数:

$$电平值 = 20 \lg \frac{U_x}{0.775} \quad (\text{dB}) \tag{1-14}$$

但并非每次测量都用式(1-14)计算一次,只要在度盘上设置一个分贝刻度,把刻度上的电压都换成分贝即可。例如,在 0.775 V 处标为 0 dB,0.245 V 处标为 −10 dB,同时把分压器设计得按 10 dB 的整数换挡,便得到可直接进行电平测量和以分贝做指示的电平表。

应指出,前面已设电路阻抗为 600 Ω。但同样是 1 mW 功率,阻抗不同,在其两端的电压亦不同。因此 600 Ω 是预先选定的,称为"零刻度基准阻抗",记为 $Z_0$。在实际中,不应把 $Z_0$ 与电平表的输入阻抗 $Z_i$ 混淆。$Z_0$ 是电平表定度时在其输入端选取的标准阻抗;而 $Z_i$ 是根据测量要求选择的电平表输入阻抗。所以仅当 $Z_i = Z_0 = 600$ Ω 时,可从表头直读功率电平,当 $Z_i \neq Z_0$ 时,实际读出的不是功率电平,而是电压电平。若只读得电压电平,可用下式换算:

$$P_W = P_V + 10 \lg \frac{Z_0}{Z_i} \tag{1-15}$$

其中,$P_V$ 为测得的功率电平的分贝值。

在有线通信中,因为传输线是平衡的,所以有线通信中使用的电平表就是普通电子电压表的前面加一个平衡变压器。

### 1.3.3 有效值电压表

在测量技术中,经常要测非正弦波,特别是失真正弦波的有效值。前述的均值、峰值表测非正弦波时将产生误差,采用有效值电压表就能解决这个问题。有效值电压表一般有热电变换式和有效值检波器两种形式。

#### 1. 有效值检波器的工作原理

根据有效值定义

$$U = \sqrt{\frac{1}{T} \int_0^T u_x^2(t) \, dt} \tag{1-16}$$

有效值检波器的伏安特性应具有平方律特性,恰好利用二极管的非线性部分实现。图 1 – 18
为有效值检波器的原理性电路图及伏安特性。

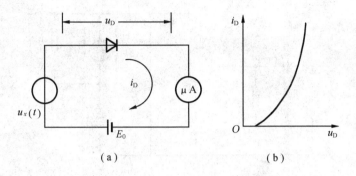

**图 1 – 18　有效值检波器的原理性电路图及伏安特性**
(a)电路图;(b)伏安特性

二极管伏安特性表达式为

$$i_D = I_s \left( e^{-\frac{eu_D}{kT}} - 1 \right) \tag{1 – 17}$$

其中,$u_D = E_0 + u_x$,则式(1 – 17)可用泰勒级数表示为

$$
\begin{aligned}
i_D &\approx a_0 + a_1 u_D + a_2 u_D^2 + \cdots \\
&= a_0 + a_1 (E_0 + u_x) + a_2 (E_0 + u_x)^2 \\
&= (a_0 + a_1 E_0 + a_2 E_0^2) + (a_1 + 2 a_2 E_0) u_x + a_2 u_x^2
\end{aligned} \tag{1 – 18}
$$

其中,$a_0, a_1, a_2$ 为表达式中的各阶导数。对式(1 – 18)取平均值,得平均电流为

$$\bar{I} = (a_0 + a_1 E_0 + a_2 E_0^2) + (a_1 + 2 a_2 E_0) \frac{1}{T} \int_0^T u_x \mathrm{d}t + \frac{a_2}{T} \int_0^T u_x^2 \mathrm{d}t \tag{1 – 19}$$

式中,第一项为静态电流,即输入为零时的起始电流;第二项为平均分量;第三项具有平方律
特性,即 $u_x(t)$ 的有效值项。若消除起始电流和平均分量,使检波器对其无响应,这样流过
检波器的电流便是

$$\bar{I} = \frac{a_2}{T} \int_0^T u_x^2(t) \mathrm{d}t \tag{1 – 20}$$

若被测电压 $u_x(t)$ 是非正弦波,则电流表指示为

$$\bar{I} = a_2 U_x^2 = a_2 (U_1^2 + U_2^2 + \cdots + U_n^2) \tag{1 – 21}$$

其中,$U_1$ 为基波;$U_2 \sim U_n$ 为各次谐波。于是测得结果只和非正弦的基波、各次谐波的有效
值有关,而与它们的相位无关。这种以正弦电压有效值刻度的电压表可以测任意波形的有
效值,而不产生波形误差。

### 2. 有效值检波器的实用线路

有效值检波器有两种实用线路,分述如下。

(1)电子管平方律有效值检波器

电子管平方律有效值检波器如图 1 – 19 所示。在输入端用隔直电容 $C_g$ 隔断被测电压
的直流分量,利用附加电源 $E_p$ 和电位器 $W$ 产生的反向电流 $I_Q$ 以抵消电子管的静态电流

$I_{a0}$,使输入电压为零时,电流表指示为零。且令电子管工作于板流 – 栅压特性的弯曲部分,具有平方律特性,以此实现有效值检波。

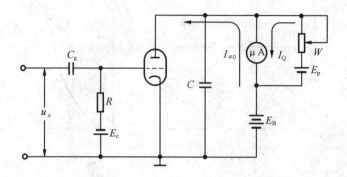

图 1–19  电子管平方律有效值检波器

(2)分段逼近有效值检波器

分段逼近有效值检波器如图 1–20 所示。一条平方律曲线可由若干段二极管和电阻网络模拟。该电路分为两部分:虚线框外为均值检波器;虚线框内是非线性网络,也是可变负载。随输入 $U_i$ 的增加,可变负载分段递减,则曲线斜率 $\dfrac{1}{R}$ 逐渐变大,如图 1–21 所示。当 $U_i < U_1$,$D_1 \sim D_5$ 均截止,负载为 $R_L$,斜率 $k_1 = \dfrac{1}{R_L}$;当 $U_1 < U_i < U_2$ 时,$D_1$ 导通,负载为 $R_L /\!/ R_1 /\!/ R_2$,斜率 $k_2 = \dfrac{1}{R_L /\!/ R_1 /\!/ R_2}$;当 $U_2 < U_i < U_3$ 时,$D_1$,$D_2$ 导通,负载为 $R_L /\!/ R_1 /\!/ R_2 /\!/ R_3 /\!/ R_4$,斜率 $k_3 = \dfrac{1}{R_L /\!/ R_1 /\!/ R_2 /\!/ R_3 /\!/ R_4}$。以此类推,随 $U_i$ 的增加,负载分段减小,从而得到一条分段逼近的平方律特性。

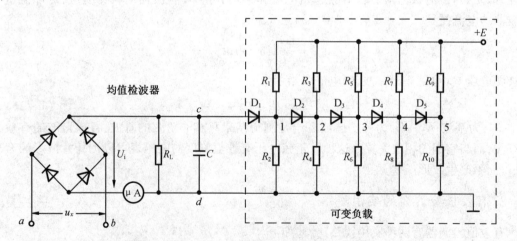

图 1–20  分段逼近有效值检波器

### 3. 热电变换式有效值电压表

根据有效值定义,在一个周期内通过纯阻负载所产生的热量与直流电压在同一负载产生的热量相等时,该直流电压就是交流电压的有效值。实用中采用热电偶做检测变换器,热电偶用两种不同材料的导体连接起来。由于两种材料的温度系数不同,被加热后在接触面上产生接触电位差,称热电势 $e$,该热电势可用微安表测得。用热电偶检测有效值的基本方案如图 1-22 所示。被测电压 $u_x$ 加在热丝电阻 $r_t$ 上,$r_t$ 产生热量使热电偶接触面 $C$ 点温度升高,而在 $B_1$,$B_2$ 端产生热电势 $e$,微安表流过电流 $I_t$,$I_t = \dfrac{e}{r + r_m}$,其中 $r$ 为热电偶体电阻,$r_m$ 为表头内阻。可见 $I_t$ 正比于 $e$,而 $e$ 是热丝电阻 $r_t$ 发热产生的,由发热而产生的电压显然就是有效值,完全满足有效值的定义,故有真有效值电压表之称。它的优点是测量精度高、灵敏度高、频带较宽;缺点是由于热惯性,测量时间长,表头指针稳定后才能读数。同时热丝过载能力差,在测量时应先置高量程。用热电变换构成的有效值电压表的典型产品有 DA-24 型、DA-30 型。

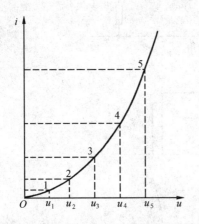

图 1-21　分段逼近平方律伏安特性

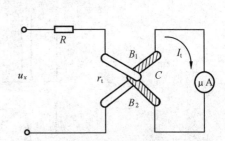

图 1-22　热电偶检测有效值的基本方案

### 1.3.4　选频电压表

选频电压表能从很多不同频率、不同强度的信号电压中选出某一频率信号的电压值。它的基本原理和超外差式收音机差不多,所不同的是检波以后接指示器,显示测量结果。它的使用和收音机差不多,将被测信号加到仪表输入端,选合适的量程,然后像收音机选台那样调整频率选择钮,使表头指示最大,便可从量程开关和表头上读出被测电压值,同时从频率度盘上读出被测信号的频率。选频电压表方框图如图 1-23 所示。

### 1.3.5　脉冲电压表

脉冲电压表用来测量脉冲持续期间的幅值,从原理上讲,可用峰值检波器实现。但当脉冲的占空比较小时(窄脉冲),测量精度大为下降。这是由于峰值检波器后的滤波电容不能在脉冲休止期内保持住已充的电量。如果设法使滤波电容存储的电量不变,就可测量脉冲

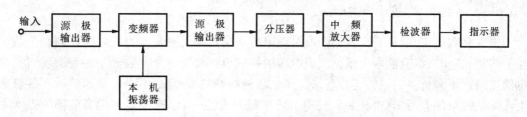

图 1-23 选频电压表方框图

电压了,这由脉冲保持电路实现。可见脉冲电压表的核心电路是脉冲保持电路,而其他电路和普通电压表相同,所以仅讨论脉冲保持电路。图 1-24 是其电路图和工作波形。

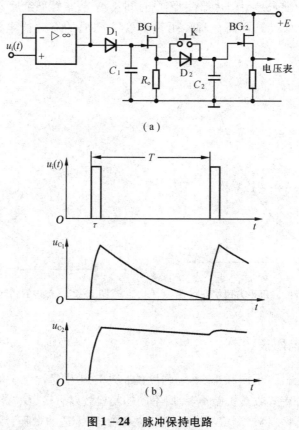

图 1-24 脉冲保持电路
(a)电路图;(b)工作波形

设被测脉冲周期为 $T$,脉宽为 $\tau$,运放接成跟随器,做到高阻输入、低阻输出。运放输出的脉冲电压经 $D_1$ 对 $C_1$ 充电,为了在脉宽 $\tau$ 内使 $C_1$ 能迅速充到峰值 $U_m$,$C_1$ 应选得小些。设跟随器输出电阻为 $R_o$,二极管正向电阻为 $R_d$,则 $C_1$ 按下式选择,即

$$(R_o + R_d)C_1 < \frac{\tau}{8} \tag{1-22}$$

$C_1$ 之后接源极跟随器 $BG_1$,由于源极跟随器的输入电阻和 $D_1$ 的反向电阻很大,保证了 $C_1$

上的电压不能很快放掉。但由于 $C_1$ 容量小,不能长时间保持脉冲电压,于是 $BG_1$ 的输出经 $D_2$ 对 $C_2$ 再次充电,充电电压近似为峰值。由于 $C_2$ 容量大,$C_2$ 之后的源极跟随器 $BG_2$ 的输入电阻和 $D_2$ 的反向电阻很大,故 $C_2$ 上的电压 $U_{C_2}$ 在脉冲间隔 $(T-\tau)$ 内基本保持不变,电压表接在 $BG_2$ 的源极,便可测得脉冲峰值。为提高测量速度,测量完毕按下开关 K,电荷很快经 K 放掉,表针归零,等待下一次测量。

### 1.3.6 取样电压表

为解决高频小信号电压的测量问题,20 世纪 60 年代取样电压表研制成功。它综合了检波 – 放大式频带宽和放大 – 检波式灵敏度高的优点,是较为理想的模拟电压表。取样电压表利用取样技术把一个连续变化的高频信号变成一系列离散的取样脉冲列,取样脉冲的频率比高频信号低得多,然后用一个低频电压表把取样脉冲中携带的高频信号测量出来。由此可见,取样技术是一种频率变换技术,它把高频信号变成低频信号,而低频信号的测量技术很成熟,很容易实现。图 1 – 25 是取样电压表的方框图和工作波形。这里采用的是较简单的随机取样,因为取样脉冲的时间间隔是随机的,不固定,所以无须同步,简化了电路。随机取样后,样品脉冲包络的波形与被测电压的波形完全不同。然而,若取样次数足够多,从统计意义上可以证明,波形中所示的样品脉冲 C 具有与输入电压 B 相同的平均值、有效值和峰值,即随机取样保留了被测高频电压的幅度信息。又由于随机取样并不要求输入电压必须是周期性电压,所以可以测正弦波、脉冲、非周期信号、调幅波以及各种随机信号。

图 1 – 25 中的取样门相当于开关,由随机取样脉冲控制其通断。三角波振荡器产生一个 10 Hz 的三角波,它控制压控振荡器进行调频,产生脉宽 2.5 μs 的随机取样脉冲 A,用以控制取样门。波形 B 为被测高频信号 $u_i$,经取样门变换为频率较低的脉冲 C,再经衰减、放大进入取样保持电路。在取样保持电路中,2.5 μs 的取样脉冲作为钳位脉冲,将取样后的低频脉冲展宽保持在某一电平,且做到在取样脉冲持续期内,将保持电路的输出钳于零电平,取样保持电路输出的矩形脉冲列即波形 D。从统计意义上讲,波形 D 包含了被测高频电压 $u_i$ 的幅度信息,因此经均值检波器后就可从指示器上得到 $u_i$ 的电压值。

### 1.3.7 矢量电压表

正弦电压的表达式为

$$u = \sqrt{2}\, U \sin(\omega t + \varphi) \qquad (1-23)$$

用复数可表为

$$\dot{U} = U_m e^{j\varphi} \qquad (1-24)$$

其中,$U_m$ 是矢量的长度(模);$\varphi$ 是矢量的初相角。可见,对交流电压的测量,除了测量它的模外,还要测量它的相位,这就要用矢量电压表。

事实上,矢量电压表是取样电压表的特例,但它却是用同步取样技术实现的。作为例子,图 1 – 26 给出矢量电压表的方框图。易见,矢量电压表分两部分:图 1 – 26 中的 Ⅰ、Ⅱ 两个通道为主通道,虚线框内为取样发生器。在主通道中,高频信号经取样头同步取样后,变成 20 kHz 的中频信号,这两个中频信号保留了输入高频信号的波形、幅度和二者之间的相位关系,分送电压表和相位表进行测量。幅度测量用普通电压表即可完成,20 kHz 的中频

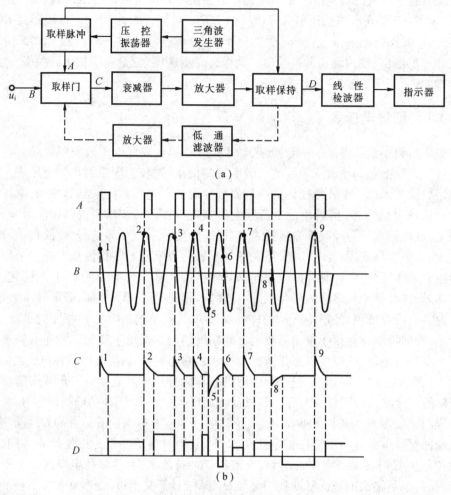

图 1-25　取样电压表

(a)方框图;(b)工作波形

经$(20 \pm 1)$kHz 的带通滤波,选出 20 kHz 的正弦信号送电压表测幅度。为了进行相位测量,将选出的 20 kHz 基波进行限幅放大,使两个中频信号的幅度相等,这样就消除了信号电平对相位的影响,使相位计的读数与信号电平无关。然后以一个通道的信号为基准,控制双稳态触发器,把两个信号之间的相位差变成触发器翻转时间的长短,再用开关电路把这个时间间隔变成电流的大小来驱动表头,从表头读出相位值。

取样发生器部分采用了性能良好的锁相环,构成自动相位控制系统。压控振荡器产生 20 kHz 的方波,在取样脉冲发生器中经微分放大变成窄脉冲,由 I、II 通道取样头对输入信号取样,取样后变为 20 kHz 的中频信号送到相位比较器,与 20 kHz 的基准频率比相。当本机中频与基准频率同频同相时,搜索电路输出的误差电压 $\Delta U = 0$,压控振荡器的频率被锁定在基准频率上;当两者不同步时,误差电压大于或小于零,对应上搜和下搜,于是 $\Delta U$ 纠正压控振荡器的频率,直到两者同步为止,以此做到对两个通道进行同步取样。

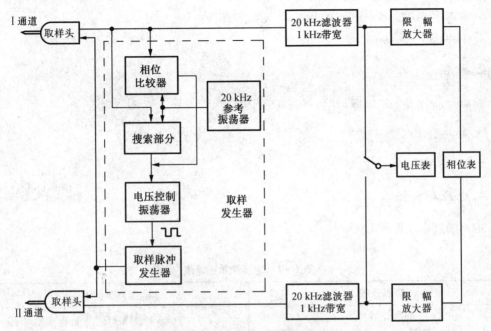

图 1 - 26　矢量电压表方框图

由上述原理知,矢量电压表是一种宽带双通道的电压表和相位表,它除了可测电压和相位外,还可测二端网络的复阻抗、复导纳、有源和无源四端网络的幅频特性、相频特性、增益、衰减等;也可作为接收机和设计工具使用,例如,可检测射频放大器的密勒效应、测量天线特性、检测射频泄漏等,用途十分广泛。

# 1.4　数字交流毫伏表

本节介绍的是 SM2030 数字交流毫伏表,该表采用了单片机控制和 VFD 显示技术,结合了模拟技术和数字技术。该表适用于测量频率 5 Hz ~ 3 MHz,电压 50 μV ~ 300 V 的正弦波有效值电压;具有量程自动/手动转换功能,4 位半数字显示,小数点自动定位,能以有效值、峰峰值、电压电平、功率电平等多种测量单位显示测量结果;有两个独立的输入通道,有两个显示行,能同时显示两个通道的测量结果,也能以两种不同的单位显示同一个通道的测量结果;能同时显示量程转换方式、量程、单位等多种操作信息;显示信息清晰、直观,操作简单、方便;测量地和大地绝缘,使用安全。该表可广泛应用于学校、工厂、部队、实验室、科研单位。
SM2030 是双输入全自动数字交流毫伏表,具备 RS - 232 通信功能。

## 1.4.1　主要技术指标

### 1. 测量范围

交流电压:50 μV ~ 300 V;

电压电平: $-86 \sim 50$ dBV($0$ dBV $= 1$ V);

功率电平: $-83 \sim 52$ dBm($0$ dBm $= 1$ mW,$600$ Ω);

$V_{pp}$:140 μV $\sim 850$ V。

## 2. 量程

该表一共分为 6 个量程,分别为 3 mV,30 mV,300 mV,3 V,30 V,300 V。

## 3. 频率范围

5 Hz $\sim 3$ MHz。

## 4. 电压测量误差

电压测量误差见表 1-1。

表 1-1　电压测量误差表

| 频率范围 | 电压测量误差 |
| --- | --- |
| ≥5 ~ 20 Hz | ±4% 读数 ±0.5% 量程 |
| >20 ~ 50 Hz | ±2.5% 读数 ±0.3% 量程 |
| >50 Hz ~ 100 kHz | ±1.5% 读数 ±0.3% 量程 |
| >100 ~ 500 kHz | ±2.5% 读数 ±0.3% 量程 |
| >500 kHz ~ 2 MHz | ±4% 读数 ±0.5% 量程 |
| >2 ~ 3 MHz | ±4% 读数 ±2% 量程 |

## 5. 分辨力

数字交流毫伏表的分辨力见表 1-2。

表 1-2　分辨力表

| 量程 | 满刻度 | 电压分辨率 |
| --- | --- | --- |
| 3 mV | 3.000 0 mV | 0.000 1 mV |
| 30 mV | 30.000 mV | 0.001 mV |
| 300 mV | 300.00 mV | 0.01 mV |
| 3 V | 3.000 0 V | 0.000 1 V |
| 30 V | 30.000 V | 0.001 V |
| 300 V | 300.00 V | 0.01 V |

## 6. 最大不损坏输入电压

数字交流毫伏表的最大不损坏输入电压见表 1−3。

表 1−3　最大不损坏输入电压表

| 量程 | 频率 | 最大输入电压 |
|---|---|---|
| 3～300 V | 5 Hz～3 MHz | 450 Vrms |
| 3～300 mV | 5 Hz～1 kHz | 450 Vrms |
|  | 1 kHz～10 kHz | 45 Vrms |
|  | 10 kHz～3 MHz | 10 Vrms |

### 1.4.2　面板介绍

数字交流毫伏表前面板如图 1−27 所示。

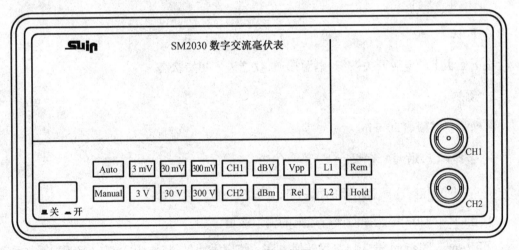

图 1−27　前面板图

前面板各按键功能如下。

（1）开/关键：电源开关。

（2）Auto 键、Manual 键：选择改变量程的方法，两键互锁。按下 Auto 键，切换到自动选择量程。在自动位置，当输入信号大于当前量程的 6.7% 时，自动加大量程；当输入信号小于当前量程的 9% 时，自动减小量程。按下 Manual 键切换到手动选择量程，当输入信号大于当前量程的 6.7% 时，显示 OVLD，应加大量程；当输入信号小于当前量程的 10% 时，必须减小量程。手动量程的测量速度比自动量程快。

（3）3mV 键、30mV 键、300mV 键、3V 键、30V 键、300V 键：手动量程切换并显示量程。六键互锁。

(4) $\boxed{\text{CH1}}$ 键、$\boxed{\text{CH2}}$ 键:选择输入通道,两键互锁。按下 $\boxed{\text{CH1}}$ 键选择 CH1 通道;按下 $\boxed{\text{CH2}}$ 键选择 CH2 通道。

(5) $\boxed{\text{dBV}}$ 键、$\boxed{\text{dBm}}$ 键、$\boxed{\text{V}_{pp}}$ 键:把测得的电压值用电压电平、功率电平和峰峰值表示,三键互锁,按下任何一个量程键退出。$\boxed{\text{dBV}}$ 键为电压电平键,0 dBV = 1 V。$\boxed{\text{dBm}}$ 键为功率电平键,0 dBm = 1 mW,600 Ω。$\boxed{\text{V}_{pp}}$ 键为显示峰峰值。

(6) $\boxed{\text{Rel}}$ 键:归零键。记录"当前值",然后显示值变为:测得值 – "当前值"。显示有效值、峰峰值时按归零键有效,再按一次退出。

(7) $\boxed{\text{L1}}$ 键、$\boxed{\text{L2}}$ 键:显示屏分为上、下两行,用 $\boxed{\text{L1}}$ 键、$\boxed{\text{L2}}$ 键选择其中一行,可对被选中的行进行输入通道、量程、显示单位的设置,两键互锁。

(8) $\boxed{\text{Rem}}$ 键:进入程控,退出程控。

(9) $\boxed{\text{Hold}}$ 键:锁定读数。

### 1.4.3 基本操作

**1. 开机**

按下面板上的电源开关按钮,电源接通,仪器进入初始状态。

**2. 预热**

精确测量需预热 30 min。

**3. 选择输入通道、量程和显示单位**

(1) 按下 $\boxed{\text{L1}}$ 键,选择显示器的第一行,设置第一行有关参数。

①用 $\boxed{\text{CH1}}$/$\boxed{\text{CH2}}$ 键选择向该行送显的输入通道。

②用 $\boxed{\text{Auto}}$/$\boxed{\text{Manual}}$ 键选择量程转换方法。使用手动量程时,用 $\boxed{\text{3mV}}$ ~ $\boxed{\text{300V}}$ 键手动选择量程,并指示出选择的结果。使用自动量程时,自动选择量程。

③用 $\boxed{\text{dBV}}$ 键、$\boxed{\text{dBm}}$ 键、$\boxed{\text{Vpp}}$ 键选择显示单位,默认的单位是有效值。

(2) 按下 $\boxed{\text{L2}}$ 键,选择显示器的第二行,按照和(1)相同的步骤设置第二行有关参数。

**4. 输入被测信号**

SM2030 有两个输入端,由 $\boxed{\text{CH1}}$ 或 $\boxed{\text{CH2}}$ 输入被测信号,也可由 $\boxed{\text{CH1}}$ 和 $\boxed{\text{CH2}}$ 同时输入两个被测信号。

**5. 读取测量结果**

注意:关机后再开机,间隔时间应大于 10 s。

# 第 2 章

# 信号发生器

## 2.1 概　述

信号发生器(简称信号源)是为电子测量提供符合一定技术要求电信号的仪器设备。信号发生器在电子系统的研制、生产及维护中有着广泛的应用,是最基本的电子测量仪器之一。

### 2.1.1 信号发生器的用途及分类

#### 1. 信号发生器的主要用途

信号发生器又称信号源振荡器,在生产实践和科技领域有着广泛的应用。各种波形曲线均可以用三角函数方程式来表示。能够产生多种波形,如三角波、锯齿波、矩形波(含方波)、正弦波的信号发生器被称为函数信号发生器。函数信号发生器在电路实验和设备检测中具有十分广泛的用途。例如,在通信、广播、电视系统中,都需要射频(高频)发射,这里的射频波就是载波,把音频(低频)、视频信号或脉冲信号运载出去,就需要能够产生高频的振荡器。在工业、农业、生物医学等领域,如高频感应加热、熔炼、淬火,以及超声诊断、核磁共振成像等,都需要功率或大或小、频率或高或低的振荡器。

#### 2. 信号发生器的分类

信号发生器应用广泛,种类繁多,其分类方法有多种。

(1)按照输出信号的波形特点分类

按此方法信号发生器可分为正弦信号发生器、脉冲信号发生器、函数信号发生器、噪声信号发生器等。正弦信号发生器是应用最广泛的信号发生器,这是因为正弦信号容易产生、容易描述,任何线性双端口网络的特性都是通过对正弦信号的响应来表征的。

(2)按照输出信号的频率范围分类

按此方法可将信号发生器分为低频信号发生器、高频信号发生器,也可以细分为超低频、低频、视频、高频、甚高频、超高频多种信号发生器。其频率覆盖范围分别为:超低频信号发生器 0.001 ~ 10 000 Hz,低频信号发生器 1 Hz ~ 1 MHz(其中应用最多的是音频信号发生器),视频信号发生器 20 Hz ~ 10 MHz,高频信号发生器 200 kHz ~ 30 MHz(大致相当于长、中、短波段的范围),甚高频信号发生器 30 MHz ~ 300 MHz(相当于米波波段),超高频信号发生器 300 MHz 以上(相当于分米波波段、厘米波波段等)。以上频率范围的划分并不是一种严格的界限,目前许多信号发生器输出信号的频率范围已跨越几个频段。

(3)按照性能指标分类

按此方法可将信号发生器分为一般信号发生器和标准信号发生器。一般信号发生器用于一般场合,对输出信号的频率、幅度的技术指标要求不高。而标准信号发生器用于对电子仪器等电子设备的测量标准提供标准信号,因而对其技术指标要求相对较高。

(4)按照产生信号方法及信号发生器组成分类

按此方法可以将信号发生器分为传统的通用信号发生器和智能型的合成信号发生器。

所谓通用信号发生器,是指采用谐振等方法产生频率的一类信号发生器。其中,低频信号发生器通常以 RC 文氏电桥振荡器作为主振器,高频信号发生器通常以 LC 振荡器作为主振器。在这种以 RC 和 LC 为主振器的信号源中,频率准确度和频率稳定度只能达到 $10^{-2}$ ~ $10^{-4}$ 量级。通用信号发生器主要由模拟电路组成,其输出信号频率和幅度的调节需要用人工的方法通过调节旋钮、开关来实现,输出幅度一般采用表头指示,操作自动化程度不够高。

合成信号发生器是一种基于频率合成技术,能产生准确、稳定频率的高质量信号发生器。频率合成是以一个或几个石英晶体振荡器产生的信号频率为基准频率,通过加、减、乘、除运算,得到一系列所需要的频率,这些频率的稳定度、准确度可以达到与基准频率相同的水平。石英晶体振荡器可以产生稳定度优于 $10^{-7}$ 量级(或更高)的频率,因此,采用频率合成技术的信号发生器的频率稳定度也能达到 $10^{-7}$ 量级或更高。频率合成技术支持信号发生器对输出频率进行精细调节,且可以实现多种调制,产生多种输出波形。合成信号发生器的应用范围将越来越宽。

合成信号发生器一般需要采用微处理器作为控制电路,它的组成是一种典型的智能仪器架构,具有较高的自动化程度。合成信号发生器将成为应用最广泛的信号发生器。

## 2.1.2  信号发生器的性能指标

正弦信号是分析线性系统频域特性的一种最基本的信号,任何线性双端口网络的特性,都需要用它对正弦信号的响应来表征。正弦信号也最容易产生,容易描述。因而,正弦信号发生器几乎渗透到所有的电子学实验及测量中,成为应用最广泛的一类信号发生器。

正弦信号发生器的性能通常用频率特性、输出特性和调制特性三大指标来评价。

正弦信号发生器的主要工作特性如下。

1. 频率特性

(1)有效频率范围

各项指标都能得到保证时的输出频率范围,称为正弦信号发生器的有效频率范围。在有效频率范围内,频率调节可以是连续的,也可以是离散的。当频率范围很宽时,常分为若干个波段。

（2）频率准确度

用度盘读数的信号发生器，其频率准确度为 ±（1% ~ 10%）；标准信号发生器则优于 ±1%。数字显示的信号发生器末位有 ±1 个字的误差。

（3）频率稳定度

如果没有足够的频率稳定度，就不能保证足够的测试结果的准确度。另外，频率的不稳定可能使某些测试无法进行，例如，窄带系统的测试、元器件和电路稳定性的测试、鉴频器和鉴相器的测试等。一般频率稳定度至少比频率准确度高 1 ~ 2 个数量级。

**2. 输出特性**

（1）输出电平

微波信号发生器一般用功率电平表示，高频和低频信号发生器一般用电压电平表示，既可以用绝对电平表示，也可以用相对电平表示。总体来说，信号发生器的输出电平是不大的，却可能有很宽的调节范围。例如，标准信号发生器的输出电平一般为 0.1 μV ~ 1 V，其调节范围达 $10^7$。

（2）输出电平的稳定度和平坦度

输出电平的稳定度是指输出电平随时间的变化。输出电平的平坦度是指在有效频率范围内调节频率时，输出电平的变化。为了提高输出电平的稳定度和平坦度，在现代的信号发生器中加有自动电平控制（ALC）电路。具有 ALC 的信号发生器的平坦度，一般在 ±1 dB 以内。

（3）输出电平的准确度

输出电平准确度一般为 ±（3% ~ 10%），即大致与电平表的准确度相当。

（4）输出阻抗

信号发生器的输出阻抗视不同类型的信号发生器而变化。在低频信号发生器中，一般匹配输出变压器，因此可能有几种不同的输出阻抗，如 50 Ω，150 Ω，300 Ω，600 Ω 等。高频信号发生器通常只有一种输出阻抗，如 50 Ω 或 75 Ω。

（5）屏蔽质量

低频信号发生器因其交流能量的辐射微弱而没有此项指标。高频信号发生器因其交流能量的强烈辐射，使该项指标显得十分重要。目前用以表征屏蔽质量优劣的办法大致有两种：其一，规定在信号发生器外部某一距离处场强的极限值。如规定距离高频信号发生器 1 m 处的任何地方，电场强度不得超过 0.1 ~ 10 μV/m。其二，规定输出端的残余电平。如规定输出端的残余输出电平不大于其最小标称输出电平的 0.1 ~ 0.5 倍。

（6）输出信号的频谱纯度

要得到完全理想的正弦波是不可能的，但要求信号发生器输出频谱较纯净的信号是很重要的。频谱不纯的原因主要来自三个方面：高次谐波（即非线性失真）、非谐波和噪声。信号发生器的非线性失真系数一般应在 1% 以下。

**3. 调制特性**

（1）调制类型

是否有调制，加什么类型的调制，主要由信号发生器的使用范围所决定。如向测量线供给能量的信号发生器,如果没有幅度调制是不方便的。在测量接收机的参数时,信号发生器如果没有调制,测试是无法进行的。

（2）调制频率

很多信号发生器既有内调制振荡器,又可自外部输入调制信号。内调制振荡器的频率可以是固定的(一般是 400 Hz 或 1 000 Hz),也可以是连续可调的。调幅时,外调制频率范围一般能覆盖整个音频频段;调频时,一般为 10 Hz ~ 110 kHz。

（3）调制系数的有效范围

在调制系数的有效范围内调节调制系数时,信号发生器的各项指标都能得到满足。调幅系数有效范围一般宽于 0 ~ 80%,调频时的频偏一般不小于 75 kHz。

（4）调制系数的准确度

标准信号发生器的调制系数准确度应优于 10% 。

（5）调制线性度

一般要求调制线性度为 1% ~ 5% 。

（6）寄生调制

信号发生器工作在载波状态时的残余调幅、残余调频,或调幅状态下的寄生调频,或调频时的寄生调幅,统称为信号发生器的寄生调制。一般要求寄生调制应低于 - 40 dB。

### 4. 其他特性

可靠性、耗电量、尺寸及质量等是表征信号发生器的经济性能和使用性能的重要指标。优良的信号发生器,既要满足电气指标,还应有较高的可靠性、低的成本和低的功耗。

## 2.2  通用信号发生器

常用的信号发生器有低频信号发生器(主要用于测试录音机放大器等音响设备)、高频信号发生器(主要用于测试调频、调幅收音机电路)、电视信号发生器(主要用于测试电视设备及相关的产品)。下面简要介绍前两种。

### 2.2.1  低频信号发生器

#### 1. 低频信号发生器的组成

低频信号发生器是产生低频正弦信号的信号源,在音频设备的生产、调试和维修等场合得到了广泛的应用。低频信号发生器的一般组成框图如图 2 - 1 所示。它由主振级、连续衰减器、电压放大器、输出衰减器、功率放大器、阻抗变换器和检测用电压表组成。

主振级常采用 RC 振荡器,主振级产生的低频正弦信号经跟随器缓冲后送出,再经连续衰减器 $R_p$ 和电压放大器后直接作为信号发生器的一路输出,这路输出的负载能力较弱,只能供给电压,所以称电压输出。该信号经功率放大器放大后,就能输出较大的功率,所以称功率输出。输出衰减器可对输出信号的幅度进行步进调节。阻抗变化器用来匹配不同的负载阻抗,以便获得最大的功率输出。电压表实际上是一个简易的监测器,它通过开关进行切换。电压表接在电压放大器的输出端时可监测输出电压,接在功率放大器的输出端时可监测输出功率。

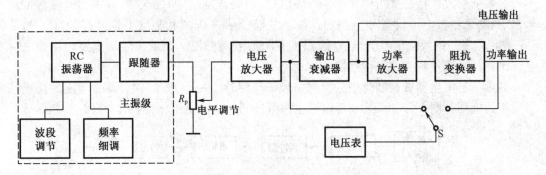

图 2－1 低频信号发生器的一般组成框图

### 2. 主振荡器特点

低频信号发生器的主振级一般采用 RC 正弦波振荡器,尤以文氏电桥振荡器为多。图 2－2 给出了文氏电桥振荡器的原理电路。

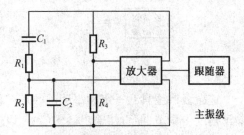

图 2－2 文氏电桥振荡器原理电路

如图 2－2 所示,$R_1$、$C_1$、$R_2$、$C_2$ 组成正反馈电路,决定振荡频率;$R_3$、$R_4$ 组成负反馈电路,可自动稳频。当 $R_1 = R_2 = R$,$C_1 = C_2 = C$ 时,则振荡频率为

$$f = \frac{1}{2\pi \sqrt{R_1 C_1 R_2 C_2}} = \frac{1}{2\pi RC} \tag{2－1}$$

改变 $R$、$C$ 值,即可改变振荡频率。实际振荡电路是通过切换电容的方法来转换波段,用双连电位器实现每个波段内的频率连续调节。

低频信号发生器主振级普遍采用文氏电桥振荡器,而不采用 LC 振荡器。这是因为在一般的 LC 振荡电路中,振荡频率为

$$f_0 = \frac{1}{2\pi \sqrt{LC}} \tag{2－2}$$

根据式(2－2)可以看出,振荡频率 $f_0$ 与 $\sqrt{LC}$ 成反比,所以一个频段的频率覆盖系数很小。频率覆盖系数为

$$K = \frac{f_{\max}}{f_{\min}} = \sqrt{\frac{C_{\max}}{C_{\min}}} \tag{2－3}$$

如果用 RC 桥式振荡器,频率覆盖系数为

$$K = \frac{f_{\max}}{f_{\min}} = \frac{C_{\max}}{C_{\min}} \tag{2－4}$$

### 2.2.2　高频信号发生器

　　高频信号发生器主要指用来产生高频信号(包括调制信号)的仪器,或供给高频标准信号,以便测试各种电子设备和电路的性能。它能提供在频率和幅度上都经过校准了的从1 V 到几分之一微伏的信号电压,并能提供等幅波或调制波。高频信号最重要的用途之一是测试各类通信接收机的工作特性。

　　高频信号发生器按调制类型分为调幅和调频两种。一个具有调幅、调频功能的高频信号发生器框图如图 2 - 3 所示,主要包括主振级、调制级、输出级、内调制振荡器、监测器等。

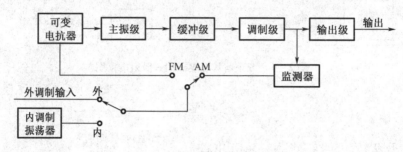

图 2 - 3　高频信号发生器框图

　　主振级产生具有一定频率范围的正弦信号。其频率范围从几百千赫兹直至超高频段,输出幅度可调节,能直接输出微弱信号,以适应接收机的测试需要。高频信号发生器的有效频率范围、频率稳定度和准确度、频率纯度等工作特性主要是由主振级来决定的。主振级一般采用 LC 正弦振荡电路,LC 振荡器最高振荡频率可达 300 MHz ~ 500 MHz,频率高于500 MHz 时一般就需采用分布参数振荡器组成微波信号发生器。主振级一般应能连续覆盖一个频段,例如整个高频段(200 kHz ~ 30 MHz)或整个甚高频段(30 MHz ~ 300 MHz),这就要求主振级在电路上和结构上便于频率转换和调节。由于主振级的工作频率范围很宽,因此不要采用过于复杂的电路结构,最好只用一个可调元件来实现频率的调节。例如,电感三点式振荡电路和变压器耦合式振荡电路只需要一个可变电容器,就可以实现频率的调节。

　　主振级产生的正弦信号需要经过缓冲级后,再送到调制级进行幅度调制。缓冲级用以减弱调制级对主振级的影响,以提高频率稳定度。

　　调制含调幅、调频等多种调制方式。调幅是在保证载波信号频率及相位固定不变的情况下,使其幅度按给定规律变化的过程。为了减少调幅过程中可能产生的载频偏移和寄生调频,主振级和调制级之间应加入缓冲放大器。在现代射频信号发生器中,最常采用的幅度调制器是二极管环形调制器和 PIN 二极管调制器。调频是通过与主振级谐振回路耦合的可变电抗器实现的。调制信号可以由外面接入,也可以由仪器内部产生,一般采用 400 ~ 1 000 Hz 的低频正弦信号,有时也用窄脉冲或方波对高频信号进行脉冲调制,以适应雷达等测试需要。

　　输出级电路包括宽带放大器、衰减器等。为了使高频信号发生器能输出微弱而且可以直接读出其数值的信号,输出端与缓冲放大器之间常常接可变衰减器。

### 2.2.3　频率合成器

随着电子技术的发展,对信号频率的准确性和稳定性要求增高。一个信号源的输出频率的准确度很大程度上是建立在主振器的输出频率稳定度的基础上的。普通的信号发生器,主振级均由可调谐的 LC 振荡器或 RC 振荡器组成,这种信号发生器的频率准确度与稳定度都不高,频率覆盖范围也不够宽。因此,对于要求正弦信号频率十分精准的场合,上述一般的正弦信号发生器是远不能适应要求的。

利用频率合成技术做成的信号发生器,称为合成信号发生器。频率合成是由一个或多个高稳定的基准频率(一般由晶体振荡器产生),通过加、减、乘、除运算,再合成得到一系列所需的频率。通过合成产生的各种频率信号,其频率稳定度可以达到与基准频率源基本相同的量级。与以 RC 或 LC 自激振荡为主振级的信号发生器相比,其信号源的频率稳定度可以提高 3~4 个数量级。

**1. 频率合成信号发生器的基本结构**

频率合成信号发生器的输出频率是通过输入不同的环路分频比或不同的频率控制字来改变的,很易于程控,因而合成信号发生器一般都采用微处理器系统作为控制器。一个典型的频率合成信号发生器的基本组成框图如图 2-4 所示。

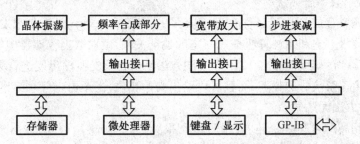

**图 2-4　频率合成信号发生器基本组成框图**

图 2-4 是一个典型的智能仪器的结构。它大致可以分为频率合成部分、输出部分(含宽带放大、步进衰减及 ALC 电路等)和控制部分。频率合成部分用于产生用户置定的频率;输出部分用于控制用户置定的输出幅度。使用时,用户只要通过仪器面板的按键对频率合成的频率和输出幅度值进行置定,便能输出所需信号。这种合成信号发生器操作简便准确,信号频率和幅度的分辨率高。当信号发生器备有 GP-IB 接口时,还可以进行远地通信和自动测试。

采用微处理器的合成信号发生器的控制面板不再使用传统的旋钮式的波段开关或电位器作为控制元件,而是用键盘来替代。

**2. 频率合成的方法**

频率合成技术已发展了 50 余年,随着集成电路技术的发展,频率合成的方法也在不断发展和完善。当前频率合成方法主要分为直接模拟频率合成法、间接锁相频率合成法和直接数字频率合成法三种类型。

（1）直接模拟频率合成法

传统的频率合成是利用倍频、分频、混频及滤波等技术,对一个或多个基准频率进行算术运算来产生所需要的频率。由于倍频、分频、混频及滤波大多是采用模拟电路来实现的,所以这种方法称为直接模拟频率合成法(Direct Analog Frequency Synthesis,DAFS)。

直接模拟频率合成法的优点是工作可靠,频率切换速度快,相位噪声低。但是,需要大量的混频器、分频器和滤波器,且难于集成化,所以体积大,价格也较贵。

（2）锁相频率合成法

锁相频率合成法是利用锁相环(Phase-Locked Loop,PLL)把压控振荡器(VCO)的输出频率锁定在基准频率上,同样还可以利用一个基准频率,通过不同形式的锁相环合成所需的各种频率。由于锁相频率合成的输出频率间接取自 VCO,所以又称该方法为间接锁相频率合成法。

锁相频率合成法的主要优点是输出频率高。除此之外,由于锁相环路相当于一个窄带跟踪滤波器,节省了大量滤波器,有利于集成。PLL 频率合成具有控制方便、体积较小、较好的性价比等优点,目前广泛地应用于同步跟踪、信号提取、解调等雷达与通信系统中。PLL技术采用小数分频后可适用于中速跳频,不过由于 PLL 存在捕获时间问题,其频率捷变时间较长,使之很难适用于高速、超高速的技术要求,如目前用 PLL 技术研制的战术跳频电台的频率合成器,其跳频速度不过每秒几千次。采用双环或多环和数字技术相结合,可以克服单环间接式频率合成器的频率转换时间慢的缺点,所以目前应用的比较广泛。

（3）直接数字频率合成法

直接数字频率合成 DDFS(简称 DDS,Direct Digital Synthesis),是近年来发展起来的一项新的频率合成技术。它利用计算机按照一定的地址关系,读取数据存储器中的正弦取样值,再经 D/A 转换得到一定频率的正弦信号。该方法是从相位的概念出发进行频率合成的,不仅可以直接产生正弦信号的频率,而且可以给出初始相位,甚至可以任意给出不同形状的波形,这是前两种方法无法做到的。

DDS 具有超高的频率捷变速度,相对带宽很宽,频率分辨率很高,输出相位连续,可编程和全数字化,便于单片集成,并且可以输出正交信号,这些优越性使直接频率合成技术在短短的二三十年间得到了飞速发展。几年前 DDS 输出频率仅仅只有几兆赫兹,今天已有几十吉赫兹输出频率的 DDS 芯片出现。DDS 具有宽带正交输出能力和频率可扩展的特点,使DDS 输出带宽的限制正逐步被克服,杂散信号也得到很好的抑制。同时,DDS 与其他频率合成方法的结合,可以使频率源的性能大大改善,DDS 和 DSP 同计算机的结合正在成为智能化的发展趋势。DDS 技术将成为未来频率合成技术发展的主流方向,它高度的集成性对于简化电子系统的设计方案、降低硬件的复杂程度、提高系统的整机性能意义重大。

表 3 – 1 对三种基本频率合成器性能进行了比较。

表 2 – 1　三种基本频率合成器性能比较

| 参数 | 样式 | | |
|---|---|---|---|
| | 直接式 | PLL 式 | 直接数字式(DDS) |
| 相位噪声 | 很低 | 与分频比有关 | 与集成工艺和时钟有关 |
| 杂散 | 与滤波器有关 | 与分频比、环路带宽滤波器有关 | 与 DAC、相位舍位、幅度量化有关 |

表 2-1(续)

| 参数 | 样式 | | |
| --- | --- | --- | --- |
| | 直接式 | PLL 式 | 直接数字式(DDS) |
| 捷变速度 | 快,与带宽有关 | 与环路带宽有关 | 很快,与时钟频率有关 |
| 带宽 | 与滤波器有关 | 与环路带宽有关 | 与时钟频率有关 |
| 体积 | 大 | 较小 | 很小 |
| 价格 | 昂贵 | 便宜 | 较低 |
| 功耗 | 大 | 很小 | 较小 |

### 3. 频率合成器的基本特性

(1)合成信号发生器的特点

合成信号发生器是一种通用测试信号发生器,其中的频率合成部分可以看成是信号发生器中的主振级,用以产生未调制的正弦波。为了完成普通信号发生器的各种功能,合成信号发生器在总体结构上也与普通信号发生器一样,具有内调制振荡器、调制放大器、监测器、衰减器、输出器件等部件。合成信号发生器与普通信号发生器比较,有如下特点:

①必须有石英晶体振荡器作为基准频率源,这是合成信号发生器的输出频率能够达到高稳定度和高准确度的基础。

②具有辅助参考频率发生器。它的作用是在基准频率源的激励下,产生若干辅助参考频率,供进一步频率合成使用。

③有较一般高频信号发生器复杂得多的频率选择开关。为避免机械结构的庞杂并便于进行频率程控,一般均采用电压开关来转换频率。

④频率刻度是数字式的,其输出频率既可以由频率选择开关的位置来读数,也可以由数字显示器来显示,而且都是十进制的。

⑤经过频率合成所得到的频率,在规定的范围内是离散的。为了在该规定范围内频率可连续调节,必须加入频率连续可调的内插振荡器(或称搜索振荡器)。加入内插振荡器后,还可使合成信号发生器获得调频和连续扫频的能力。

(2)合成信号发生器的主要工作特性

合成信号发生器的工作特性与通用信号发生器一样,可概括为五大类,即频率特性、频谱纯度、输出特性、调制特性和一般特性。合成信号发生器对频率特性和频谱纯度要求更为严格。

①频率的准确度和长期稳定度。合成信号发生器的频率准确度一般都能达到 $10^{-8}$ 数量级,频率长期稳定度为 $10^{-8}/d$,因此可作为宽带标准频率源使用。

②频率分辨力。频率合成信号发生器若不插入连续可调振荡器,则只能得到若干离散的输出频率。相邻频率之间的频率间隔称为频率分辨力。合成信号发生器有较精细的频率分辨力,一般为 $0.1 \sim 10$ Hz。

③相位噪声。信号相位的不规则变化称为相位噪声。在合成信号发生器中,由于使用了锁相环技术,相位的不规则变化将引起频率变化,使得输出信号的频率短期稳定度(s 稳

定度或 ms 稳定度)低于基准频率短期稳定度。因此,尽管合成信号发生器的长期频率稳定度(日稳定度或周稳定度)很高,它等于基准频率稳定度,但短期稳定度可能很低,使用中必须引起注意。在电路设计时应考虑尽可能降低相位噪声。

④相位杂散。信号相位的周期性变化称为相位杂散。在频率合成过程中,常常会产生各种寄生频率分量,从而形成相值杂散。存在寄生信号和噪声,就会引起频谱不纯。相位杂散在信号谱线两旁呈对称的离散谱线分布,而相位噪声则呈连续分布。频谱不纯净,意味着信号不稳定。由于合成信号发生器所要求的频率稳定度很高,因此要研究和减少寄生信号及噪声。

⑤频率转换速度。频率转换速度是合成信号发生器的一项重要特性。一般情况下,直接合成信号发生器的转换时间的典型值为 20 μs,锁相合成信号发生器为 20 ms。

# 2.3 DDS 数字式频率合成信号发生器

前一节已经初步介绍了 DDS,这里对 DDS 进行进一步了解。

## 2.3.1 DDS 的基本结构

DDS 包括数字器件与模拟器件两部分。主要有相位累加器、ROM 正弦查询表、DAC 数模转换器,其基本框图如图 2-5 所示。

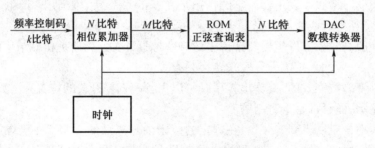

图 2-5 DDS 组成框图

### 1. 相位累加器

相位累加器一般采用数字全加器和数字寄存器组合来完成相位的累加,如图 2-6所示。

相位累加器用来实现线性数字信号的逐级累加,信号范围从 0 到累加器的满偏值。大多数 DDS 的累加器采用二进制。如果累加器采用长度为 $N$ 比特的二进制,则累加器的满偏值是 $2^N$。定义相位累加器的 0 状态为 0 相位,则相位累加器的满偏状态定义为 $2\pi$。相位累加器进行模为 $2N$ 运算时,可认为是周期为 $2\pi$ 的正弦波形,则相位累加器的输出可作为正弦波形的相位。在通常情况下,采用二进制累加器不能保证频率步进和输出频率为整数。

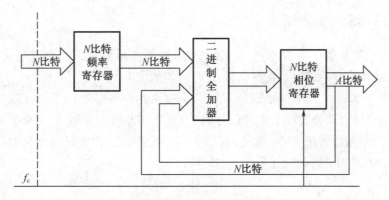

图 2-6 相位累加器组成框图

### 2.波形查询表 ROM

DDS 中的波形查询表 ROM(PROM) 是将相位信息转换为幅度的存储器。完成这一转换就是根据累加器输出的相位值,来对预先存储在 ROM 中的正弦函数(或别的波形函数)的幅度量化值进行查表。在每个时钟周期内相位累加器输出序列的高 A 位对 ROM 进行寻址(在 DDS 设计中,人们为了节省波形存储器的容量,在不引入过多的杂波干扰前提下,尽可能多地截去相位累加器输出的低有效位,所以只用高 A 位寻址),输出为该相位对应的二进制正弦幅值序列。

它输出信号的最低相位分辨率应为

$$\beta\gamma\Delta\Phi_{\min}=360°/2^N \tag{2-5}$$

虽然采取了高 A 位寻址,波形查询表的存储量还达不到 $2^N$。虽然 ROM 存储量大能提高输出信号的精度,提高无杂散动态范围,但功耗大、可靠性差,不利于高速 DDS 工作,所以有必要对 ROM 采取压缩存储方法。压缩存储主要包括 Sunderland 结构、改进 Sunderland 结构、泰勒级数近似结构、Nichloas 结构、Sing-B 结构、Cordic 算法、双三角近似结构等。其中 Nichloas 结构具有最好的压缩比(128:1)。

### 3. 数模转换器

数模转换器(DAC)也是 DDS 中比较关键的部件。经过查表后,输入到数模转换器的信号是离散的脉冲流,经过 DAC 的转换后实现所需频率的正弦波。要想提高 DDS 输出频率,必然会导致在一个正弦波周期内的采样点减少,这将对 DAC 的要求大大提高。所以 DDS 系统的最高输出频率主要受 DAC 性能的限制。DAC 的毛刺表示 DAC 两个输出电平之间的暂态响应的大小,这种暂态响应一般与数据位之间的时滞及器件内部逻辑电路的传输延迟不等有关,时滞会引起 DAC 的输出靠近中间态,并可能使输出频谱中增加不必要的能量成分。经过暂态后 DAC 建立起终值,建立的时间是从数字输入转换开始到 DAC 落在某一误差带内的时间。数据转换之间对输出波形的频谱会有影响,所以 DDS 中的 DAC 首先选择转换速率快、毛刺小、耦合低、建立时间快的部件。

### 2.3.2 DDS 的基本原理

下面以产生正弦信号的 DDS 技术来阐述 DDS 的基本原理。一个正弦信号可以由振幅、频率及初始相位唯一确定。正弦信号 $S(t)$ 的表达式为

$$S(t) = A\cos(2\pi ft + \Phi_0) \tag{2-6}$$

在用数字合成方式合成一个正弦信号时,只要产生相应的振幅 $A$、频率 $f$、初始相位 $\Phi_0$ 即可,实际应用中与初始相位 $\Phi_0$ 无关,振幅更是容易控制。为更好地分析起见,这里设振幅 $A$ 为 1,初始相位 $\Phi_0$ 为 0,则正弦信号 $S(t)$ 可表示为

$$S(t) = \cos(2\pi ft) \tag{2-7}$$

令

$$\Phi(t) = 2\pi ft \tag{2-8}$$

则

$$S(t) = \cos[\Phi(t)] \tag{2-9}$$

那么只要确定了 $\Phi(t)$ 就确定了 $S(t)$。由 $\Phi(t)$ 的表达式 $\Phi(t) = 2\pi ft$ 可知,不同频率在相同时间 $T$ 内的相位增量是不同的,且它们是一一对应的关系。因此推导出下面公式:

$$f = \Delta\Phi/(2\pi T) \tag{2-10}$$

这一公式反映出在相位 - 时间平面构造中对应到时间间隔 $T$ 的均匀相位增量时,等效于在幅度 - 时间平面内合成频率 $f = \Delta\Phi/(2\pi T)$ 的正弦波,这正是 DDS 技术的基本理论。

### 2.3.3 DDS 的特点

1. DDS 前伏点

正由于 DDS 采用全数字技术,从概念到结构都有很大的突破,所以它具有其他频率合成所无法比拟的优越性。

(1)频率分辨率高

若时钟频率不变,DDS 频率分辨率仅由相位累加器位数 $N$ 来决定,也就是从理论上得知 $N$ 越大,就可以得到越高的频率分辨率。目前,大多数 DDS 的分辨率在 1 Hz 数量级,许多都小于 1 mHz,甚至更小,这是其他频率合成器很难做到的。

(2)工作频带较宽

根据 Nyquist 定律,只要输出信号的最高频率分辨率分量小于或等于 $f_c/2$ 就可以实现无失真采样。而实际中,由于受到低通滤波器设计以及杂散分布的影响限制,仅能做到 $f_c$ 的 40% 左右。

(3)超高速频率转换时间

DDS 是一个开环系统,无任何反馈环节,这种结构使得 DDS 的频率转换时间极短。DDS 的频率转换时间可达到纳秒数量级,比使用其他的频率合成方法都要小几个数量级。

(4)相位变化连续

改变 DDS 输出频率,实际上改变的是每一个时钟周期的相位增量。相位函数的曲线是连续的,只是在改变频率的瞬间其频率发生了突变,因而保持了信号相位的连续性。

（5）具有任意输出波形的能力

只要 ROM 中所存的幅值满足并且严格遵守 Nyquist 定律，即可得到输出波形，例如，三角波、锯齿波和矩形波。

（6）具有调制能力

由于 DDS 是相位控制系统，这样也就有利于各种调制功能的实现。

### 2. DDS 的缺点

DDS 的不足之处主要有如下两点。

（1）杂散分量丰富

这些杂散分量主要由相位舍位、幅度量化和 DAC 的非理想特性所引起。因为在实际的 DDS 电路中，为了达到足够小的频率分辨率，通常将相位累加器的位数取大。但受体积和成本的限制，即使采用先进的存储方法，ROM 的容量都远小于此，因此在对 ROM 寻址时，只是用相位累加器的高位去寻址，这样不可避免地引起误差，即相位舍位误差。另外，一个幅值在理论上只能用一个无限长的二进制代码才能精确表示，由于 ROM 的存储能力有限，只采用了有限比特代码来表示这一幅值，这必然会引起幅度量化误差。另外，DAC 的有限分辨率以及非线性也会引起误差。所以对杂散分量的分析和抑制，一直是国内外研究的热点，因为它在很大程度上决定了 DDS 的性能。

（2）频带受限

由于 DDS 内部 DAC 和 ROM 的工作速度限制，DDS 输出的最高频率有限。目前市场上采用 CMOS、TTL 等工艺制作的 DDS 芯片工作频率一般在几十兆赫兹至几百兆赫兹。但随着高速 GaAs 器件的出现，频带限制已明显改善，芯片工作频率可达到 2 GHz 左右。

# 2.4　函数信号发生器

函数信号发生器是一种多波形的信号源。它能产生正弦波、方波、三角波、锯齿波及脉冲波等多种波形的信号，有的函数信号发生器还具有调制的功能，可以产生调幅、调频、调相及脉宽调制等信号。

函数信号发生器可以用于科研生产、测试和仪器维修，所以它是一种多功能的通用信号源。

## 2.4.1　函数信号发生器的基本结构

函数信号发生器为了产生各种输出波形，利用各种电路通过函数变换实现波形之间的转换。函数信号发生器的原理图如图 2 - 7 所示。它由双稳态触发电路、积分电路和两个电压比较器组成方波和三角波振荡电路，然后用二极管整形电路转换成正弦波。下面介绍各部分电路的工作原理。

### 1. 方波、三角波产生电路

这种电路由双稳态触发电路产生方波，经积分电路将方波变换成三角波。双稳态触发电路和积分电路都由正负电源供电，双稳态电路的输出为 + $E$ 或 - $E$。假定仪器开始工作

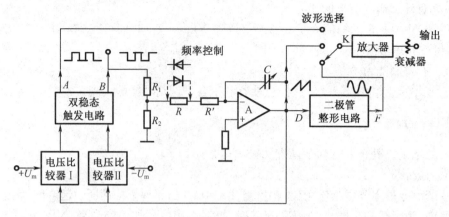

**图 2 - 7  函数信号发生器原理图**

时,双稳态触发电路左边 $A$ 点为高电位 $E$,右边 $B$ 点为低电位 $-E$。此时积分电路输入电压为 $-E$,输出端 $D$ 点电压将随时间成正比上升,上升速度取决于输入电压 $-E$,以及分压电阻值 $R_1$、$R_2$ 和时间常数 $RC$。当经过时间 $T_1$,$U_D$ 上升到 $+U_m$ 时,电压比较器 Ⅰ 输出一个触发脉冲,使双稳电路翻转,$A$ 点成为低电位 $-E$,$B$ 点成为高电位 $E$。此时积分电路输入电压为 $E$,输出电压 $U_D$ 将以同样速度随时间成正比下降。当经过时间 $T_2$,$U_D$ 下降到 $-U_m$ 时,电压比较器 Ⅱ 有输出,使双稳电路翻转回去,完成一个循环周期。$A$ 点成为高电位,$B$ 点成为低电位,又开始下一个循环。如此不断循环产生振荡,只要正负电源和正负比较电平绝对值各自相等,在 $A$ 点和 $B$ 点就将得到极性相反的对称方波信号,$D$ 点将得到对称的三角波信号。函数信号发生器的波形图如图 2 - 7 所示。其振荡频率为

$$f = \frac{1}{T_1 + T_2} = \frac{\dfrac{R_2}{R_1 + R_2} \cdot E}{2(R + R')CU_m} \tag{2 - 11}$$

由式(2 - 11)可知,用电位器调节电阻 $R$ 和可变电容 $C$ 可以调节输出信号频率。改变电阻 $R_2$ 也可以调节振荡频率,所以用一个电压可控制的可变电阻代替电阻 $R_2$ 就可以用电压来控制振荡频率(压控振荡器)。

函数信号发生器还可以产生矩形脉冲和锯齿波,这时只要在电阻 $R$ 上并联一个二极管(图 2 - 7 中虚线)。当 $B$ 点电压为正( $+E$ )时,二极管导通,其正向电阻很小,积分电阻( $R + R'$ )中的 $R$ 被短路而变为 $R'$( $R'$ 远小于 $R$ ),积分输出电压很快下降。当下降到 $-U_m$ 时,触发电路翻转,$B$ 点电压成为 $-E$,此时二极管截止,积分电阻又回到 $R + R'$,积分输出缓慢上升,形成正向锯齿波。如果二极管接法相反,则产生反向锯齿波。这样在 $A$ 点和 $B$ 点就可以得到极性正负相反的矩形脉冲,在 $D$ 点得到锯齿波信号。

### 2. 正弦波形成电路

由频谱分析可知,利用滤波器滤除三角波中的高次谐波就可以得到基频的正弦波。但由于函数信号发生器输出频率范围很宽,故采用这种方案会在滤波器上付出很大的代价。通常采用的方案是,采用二极管变换网络将三角波"限幅"为正弦波。一个采用二极管组成的正弦波形成电路原理图如图 2 - 8(a)所示。

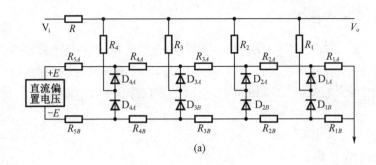

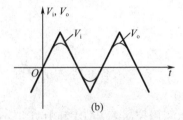

(b)

**图 2-8 采用二极管组成的正弦波形成电路原理图**

(a)正弦波形电路图;(b)输出正弦波形

该限幅电路实际上是一个由输入三角波 $V_i$ 控制的可变分压器。在三角波的正半周,当三角波的瞬时电压 $V_i$ 很小时,所有的二极管都被偏置电压 $+E$ 和 $-E$ 截止,输入的三角波信号通过电阻 $R$ 送到输出端,形成输出信号 $V_o$,此时 $V_o$ 的斜率与三角波的斜率相同。当三角波的瞬时电压 $V_i$ 上升到 $V_i = +E \dfrac{R_{1A}}{R_{1A} + R_{2A} + \cdots + R_{5A}}$ 时,二极管 $D_{1A}$ 导通,于是电阻 $R_1$、$R_{1A}$ 和 $R$ 组成的分压器接通,使此时的三角波通过该分压器送到输出端,使输出的斜率降低,其输出电压 $V_o = +E \dfrac{R_{1A} + R_1}{R_{1A} + R_1 + R}$。随着输入的三角波瞬时电压值 $V_i$ 不断上升,二极管 $D_{2A}$、$D_{3A}$、$D_{4A}$ 将依次导通,使分压器的分压比依次减小,输出的斜率也依次降低,从而使输出波形趋于正弦波形。在三角波正半周的下降过程中,随着三角波的瞬时电压逐渐下降,二极管 $D_{4A}$、$D_{3A}$、$D_{2A}$、$D_{1A}$ 相继截止,使分压器的分压比又依次增加。进入三角波的负半周后,二极管 $D_{1B}$、$D_{2B}$、$D_{3B}$、$D_{4B}$ 也按同样的过程相继导通和截止,从而在输出端得到正弦波 $V_o$。

如图 2-8(b)所示,输出的正弦波实际上是由若干条不同斜率的折线组成的,只要分段合理,折线段越多,组合而成的波形就越逼近正弦波。该 4 级波形变换网络实际上是以 16 条线段将三角波转变为正弦波。如果采用 26 条线段(即用 6 级网络)逼近正弦波,可以使正弦波的非线性失真优于 0.25%。

## 2.4.2 集成函数信号发生器的设计举例

随着大规模集成电路技术的进步,出现了很多单片函数发生器集成芯片,MAX038 就是其中一种。MAX038 只需少数外部元件就可以产生正弦波、方波、矩形波、三角波等信号,构成一台多波形的函数信号发生器。

### 1. MAX038 主要性能特点

MAX038 是 MAXIM 公司生产的一种通用波形发生芯片,它与以前较常用的函数发生器件如 8038 系列相比,在频率范围、频率精确度、对芯片及波形的控制性能、用户使用的方便性等方面都有了很大的提高,因此可广泛应用于压控振荡器、脉宽调制器、频率合成器及 FSK 发生器等。

MAX038 的性能特点如下:

(1)能精密产生三角波、方波、正弦波信号;

(2)频率范围为 0.1 Hz ~ 20 MHz,最高可达 40 MHz,各种波形的输出幅度均为 2 Vp – p;

(3)占空比调节范围宽(10% ~90%),占空比和频率均可单独调节,互不影响;

(4)波形失真小,正弦波失真度小于 0.75%,占空比调节时非线性度低于 2%;

(5)采用 ±5 V 双电源供电,允许有 5% 的变化范围,电源电流为 80 mA,典型功耗 400 mW,工作温度范围为 0 ~70 V;

(6)内设 2.5 V 电压基准,利用控制端 FADJ 和 DADJ 实现频率微调和占空比调节。

### 2. MAX038 的主要引脚及功能

MAX038 的引脚排列如图 2 – 9 所示,主要引脚功能描述如下。

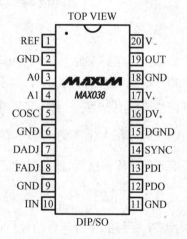

图 2 – 9  MAX038 引脚排列

(1)REF:基准电源 2.50 V 输出。

(2)2,6,9,11,18:GND 接地(5 个地内部不相连,需外部连接)。

(3)A0:波形选择输入,兼容 TTL/COMS 电平。

(4)A1:波形选择输入,兼容 TTL/COMS 电平。

(5)COSC:外接振荡电容器。

(6)DADJ:脉冲波占空比调节输入。

(7)FADJ:振荡频率调节(电压输入)。

(8)IIN:振荡频率参考电流输入。

(9)PDO:相位检测器输出,如果不使用相位检测器则接地。

(10)PDI:相位检测器同步信号输入,如果不用相位检测器则接地。

(11)SYNC:同步脉冲输出,以 DGND 至 DV$_+$ 间的电压作为基准,允许用外部信号同步内部振荡器,兼容 TTL/COMS 电平,如果不用则悬空。

(12)DGND:数字电路部分接地开路时则禁止使用 SYNC 或未使用 SYNC。

(13)DV$_+$:数字电路 +5 V 电源输入端,如果不用 SYNC 可悬空。

(14)V$_+$:电源 +5 V 输入端。

(15)OUT:信号输出端。

(16)V$_-$:电源 –5 V 输入端。

## 3. 设计实例

该简易信号发生器可以输出三角波、方波、正弦波和阶跃波 4 种波形,具备 3 个固定频率选择以及 10 个电压选择。此外,为了使仪器更好地满足大多数实验与电路检测的要求,该信号发生器还可以输出电荷量。

该信号发生器电路主要由信号产生电路、信号放大电压电荷输出电路和电源模块 3 部分组成。

（1）信号产生电路

对于三角波、方波、正弦波 3 种信号,其信号产生电路的核心器件为 MAX038,3 种输出波形由波形设定端 A0、A1 控制,其编码如表 2 – 2 所示。其中,$x$ 表示任意状态;1 为高电平;0 为低电平。为简化电路,引脚 DADJ 接地,使该信号发生器各种波形的占空比固定为 50%。MAX038 的输出频率 $f_0$ 由 $I_{in}$,FADJ 端电压和主振荡器 COSC 的外接电容器 $C_F$ 三者共同确定。当 $U_{FADJ} = 0$ V 时,输出频率 $f_0 = I_{in}/C_F$,$I_{in} = U_{in}/R_{in} = 2.5/R_{in}$;当 $U_{FADJ} \neq 0$ V 时,输出频率 $f_0 = f(1 - 0.2915 U_{FADJ})$。

表 2 – 2　A0 和 A1 的编码

| A0 | A1 | 波形 |
| --- | --- | --- |
| $x$ | 1 | 正弦波 |
| A0 | A1 | 波形 |
| 0 | 0 | 方波 |
| 1 | 0 | 三角波 |

MAX038 的波形产生电路如图 2 – 10 所示。

为了确保输出信号的起始电压在 0 V 附近,此电路需加信号上升沿起始控制电路。对于该信号发生器的阶跃信号,则不经过上升沿起始电路,阶跃信号可用电压跟随器产生。

（2）信号放大及电压电荷输出电路

MAX038 的各种输出波形的幅值为 2 Vp – p,阶跃信号的幅值为 1 V。为了使信号的幅值范围更大,可以先把信号衰减,再经过输出放大器 AD822 以适当比例同相放大输出。为了输出不同的电压,可在运放 AD822 的反相端和输出端串联不同的电阻来调节电压的幅值。为了滤除噪声,可在每个电阻上并上电容,并且要使输入、输出端的电阻、电容匹配。对于电荷量的输出,可在电压输出端串联绝缘阻抗高的电容（防止放电和漏电）来实现。

（3）电源模块

电源模块比较简单,采用锂电池供电。可用四节 3.6 V 的电池串成正负 7.2 V 的电压,再分别经过 LP2985、LT1964 输出 +5 V 和 – 5 V 的稳压电源即可供给电路工作。

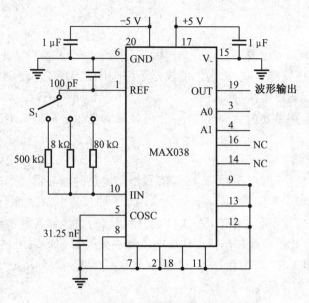

图 2 – 10　MAX038 的波形产生电路

# 2.5　TFG3050L 系列 DDS 函数信号发生器

TFG3050L 系列 DDS 函数信号发生器采用直接数字合成(DDS)技术,具有快速完成测量工作所需的高性能指标和众多的功能特性。

## 2.5.1　功能特性和技术指标

### 1.显著功能特性

(1)频率分辨率高

高频率分辨率 10 μHz。

(2)无量程限制

全范围频率不分挡,直接数字设置。

(3)无过渡过程

频率切换时瞬间达到稳定值,信号相位和幅度连续无畸变。

(4)波形精度高

输出波形由函数计算值合成,波形精度高,失真小。

(5)存储特性

可以存储 10 组仪器的工作状态,可随时调出。

(6)猝发特性

可以对信号进行门控输出和猝发计数输出。

（7）扫描特性

具有频率扫描和幅度扫描功能,扫描起止点任意设置。

（8）调制特性

可以输出多种调制信号 AM、FM、FSK、ASK、OSK、PSK。

（9）计算功能

可以选用频率或周期、幅度有效值或峰峰值及功率电平值。

（10）操作方式

全部按键操作,窗口显示,软键菜单,可直接数字设置或旋钮连续调节。

（11）高可靠性

大规模集成电路,表面贴装工艺,可靠性高,使用寿命长。

（12）程控特性

可以选配 GPIB、RS232 或 USB 接口,组成自动测试系统。

（13）频率测量

配备频率计数器,可对外部信号进行频率测量。

## 2. 技术指标

（1）A 路技术指标

①波形特性

波形种类:正弦波、方波、脉冲波、直流(方波、脉冲波最高频率≤40 MHz)。

波形长度:4 ~ 16 000 点。

波形幅度分辨率:14 bit。

采样速率:400 MSa/s。

杂波谐波抑制度:$\geqslant 50$ dBc($F \leqslant 1$ MHz,$A = 2$ V);

$\geqslant 45$ dBc($1$ MHz $< F < 20$ MHz,$A = 2$ V)。

正弦波总失真度:$\leqslant 0.5\%$($20$ Hz ~ $100$ kHz)。

方波、脉冲波升降时间:$\leqslant 20$ ns。

②频率特性

频率范围:0 Hz ~ 150 MHz(最大)。

频率分辨率:100 mHz。

频率准确度:$\pm(5 \times 10^{-5} + 100)$ mHz。

频率稳定度:$\pm 5 \times 10^{-6}/3$ h。

③脉冲特性

脉冲宽度范围:10 ns ~ 20 s。

占空比:$0.1\% ~ 99.9\%$(仅显示)。

脉宽准确度:$\pm(5 \times 10^{-5} + 10)$ns。

脉宽分辨率:5 ns。

④幅度特性

幅度范围:2 mVp－p ~ 20 Vp－p(高阻,频率 < 40 MHz);

6 Vp－p(高阻,频率 > 40 MHz)。

分辨率:20 mVp−p($A > 2$ V),2 mVp−p(0.2 V $< A \leqslant 2$ V),0.2 mVp−p($A \leqslant 0.2$ V)。

幅度准确度:±(1% +2)mV(高阻,有效值,频率1 kHz)。

幅度稳定度:±0.5%/3 h。

幅度平坦度:±5%($F < 1$ MHz),±10%(1 MHz $< F < 10$ MHz)。

输出阻抗:50 Ω。

⑤偏移特性(衰减0 dB时)

偏移范围(输出信号频率最大值 >10 MHz的信号源):

±(0 ~ 4 V −峰峰值/2)(高阻 $A < 4$ V) ±(0 ~ 10 V −峰峰值/2)(高阻 $A > 4$ V)。

偏移范围(输出信号频率最大值 ≤10 MHz的信号源):

±(0 ~ 10 V −峰峰值/2)(高阻)。

分辨率:20 mV。

偏移准确度:±(1% +10)mV。

⑥调制特性

a. 幅度调制

AM:调制信号为内部 B 路信号或外部信号,调制深度为0% ~100%以上,外调制输入信号幅度为2 Vp−p( −1 ~ +1 V)。

ASK、OSK:载波幅度和跳变幅度任意设定,交替速率为0.1 ms ~1 000 s。

控制方式:内部或外部。

b. 频率调制

FM:调制信号为内部 B 路信号或外部信号,调制频偏最大 100 kHz(载波频率 >5 MHz),外调制输入信号电压2 Vp−p( −1 ~ +1 V)。

FSK:载波频率和跳变频率任意设定,交替速率为0.1 ms ~1 000 s。

种类:2FSK、4FSK。

控制方式:内部或外部

c. 相位调制

PSK:相移范围为0° ~360°,分辨率为0.1°,交替速率为0.1 ms ~1 000 s。

种类:2PSK、4PSK。

控制方式:内部或外部。

d. 猝发调制(猝发信号频率≤40 kHz)

猝发计数:1 ~10 000 个周期。

猝发信号间隔时间:0.1 ms ~1 000 s。

猝发方式:连续猝发、单次猝发。

控制方式:内部或外部。

⑦扫描特性

频率或幅度线性扫描。

扫描范围:扫描起始点和终止点任意设定。

扫描步进量:大于分辨率的任意值。

扫描间隔时间:0.1 ms ~1 000 s。

扫描方式:正向扫描、反向扫描、单次扫描、往返扫描。

控制方式:内部或外部。

⑧存储特性

存储参数:仪器当前工作状态。

存储容量:10 组状态。

重现方式:全部存储状态在相应存储位置调出。

(2)B 路技术指标

①波形特性

波形种类:正弦波、方波、三角波、锯齿波、阶梯波等 11 种波形。

波形长度:4 096 点。

波形幅度分辨率:10 bit。

②频率特性

频率范围:正弦波 10 μHz ~ 5 MHz,其他波形 10 μHz ~ 500 kHz。

分辨率:10 μHz。

频率准确度:$\pm (5 \times 10^{-5} + 10)$ μHz。

③幅度特性

幅度范围:10 mVp - p ~ 20 Vp - p(高阻)。

分辨率:20 mVp - p( > 2 V),2 mVp - p( ≤ 2 V)。

输出阻抗:50 Ω。

## 2.5.2  工作原理

TFG3050L 工作原理图如图 2 - 11 所示。

### 1. 直接数字合成工作原理

要产生一个电压信号,传统的模拟信号源是采用电子元器件以各种不同的方式组成振荡器的,其频率精度和稳定度都不高,而且工艺复杂,分辨率低,设置频率幅度不方便,不便于程控。直接数字合成技术(DDS)是最新发展起来的一种信号产生方法,它不是直接采用振荡输出,而是用数字合成方法产生一连串数据流,再经过数模转换器产生出一个预先设定的模拟信号。

例如,要合成一个正弦波信号,首先将函数 $y = \sin x$ 进行数字量化,然后以 $x$ 为地址,以 $y$ 为量化数据,依次存入波形存储器。DDS 使用了相位累加技术来控制波形存储器的地址,在每一个采样时钟周期中,都把一个相位增量累加到相位累加器的当前结果上,通过改变相位增量即可以改变 DDS 的输出频率值。根据相位累加器输出的地址,由波形存储器取出波形量化数据,经过数模转换器转换成模拟信号。由于波形数据是间断的取样数据,所以 DDS 发生器输出的是一个阶梯正弦波形,必须经过低通滤波器将波形中所含的高次谐波滤除掉,输出即为连续的信号。数模转换器内部带有高精度的基准电压源,因而保证了输出波形具有很高的幅度精度和幅度稳定性。

幅度控制器是一个数模转换器,根据操作者设定的幅度数值,产生一个相应的模拟电压,然后与输出信号相乘,使输出信号的幅度等于操作者设定的幅度值。偏移控制器是一个数模转换器,根据操作者设定的偏移数值,产生一个相应的模拟电压,然后与输出信号相加,

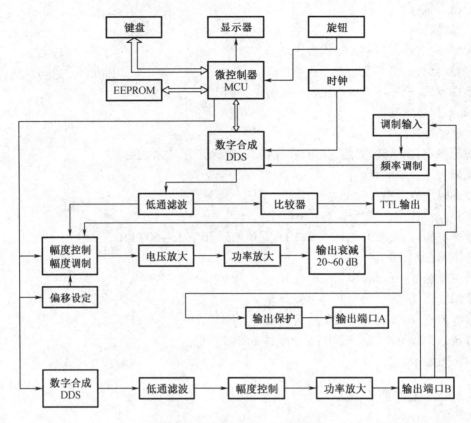

图 2 – 11　TFG3050L 工作原理图

使输出信号的偏移等于操作者设定的偏移值。经过幅度偏移控制器的合成信号再经过功率放大器进行功率放大,最后由输出端口 A 输出。

2. 操作控制工作原理

微处理器通过接口电路控制键盘及显示部分,当有键按下的时候,微处理器识别出被按键的编码,然后转去执行该键的命令程序。显示电路使用菜单字符将仪器的工作状态和各种参数显示出来。

面板上的旋钮可以用来改变光标指示位的数字,每旋转 15°可以产生一个触发脉冲,微处理器能够判断出旋钮是逆时针旋转还是顺时针旋转,如果是逆时针旋转则使光标指示位的数字减 1,如果是顺时针旋转则加 1,并且连续进位或借位。

### 2.5.3　用户界面介绍

前面板如图 2 – 12 所示,后面板如图 2 – 13 所示。

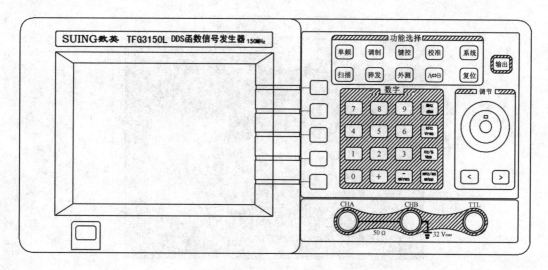

图 2 - 12　前面板图

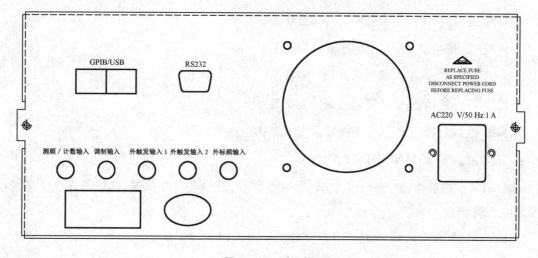

图 2 - 13　后面板图

显示屏分为 4 个区,分别为主菜单显示区、二级菜单显示区、三级菜单显示区和主显示区。显示屏如图 2 - 14 所示。

主菜单显示区显示仪器的 6 种主要功能有单频、调制、键控、扫描、猝发、外测。

二级菜单显示区显示 6 种功能下的子功能,不同功能有不同的二级菜单。

三级菜单显示区显示每种功能的可调整功能,不同功能有不同的三级菜单。

主显示区显示仪器当前的工作状态。

仪器前面板上共有 34 个按键,每个按键对应不同的功能。

单频 键:将当前工作状态切换到单频状态。

调制 键:将当前工作状态切换到调制状态。

键控 键:将当前工作状态切换到键控状态。

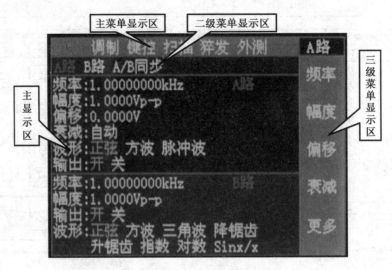

图 2 – 14　显示屏图

扫描 键:将当前工作状态切换到扫描状态。

猝发 键:将当前工作状态切换到猝发状态。

外测 键:将当前工作状态切换到外测状态。

校准 键:将当前工作状态切换到校准状态。

系统 键:将当前工作状态切换到系统设置状态。

复位 键:将仪器复位到开机默认状态。

A⇔B 键:在单频、键控、扫描、猝发、外测 5 种状态下,反复按此键,仪器循环选择设置 A 路或 B 路状态。

输出 键:反复按此键,A 路或 B 路就会循环输出、关断。

0 ~ 9 、. 键:数字及小数点输入键。

–/mVrms 键:双功能键,"偏移"功能时输入负号,在数字输入之后执行单位键功能,同时作为数字输入的结束键。

MHz/dBm 、 kHz/Vrms 、 Hz/Vp – p/s 、 mHz/ms/mVp – p 键:双功能键,在数字输入之后执行单位键功能,同时作为数字输入的结束键。在设置幅度状态时直接按 MHz/dBm 键将当前幅度显示方式转换到功率电平方式,直接按 kHz/Vrms 键将当前幅度显示方式转换到有效值方式,直接按 Hz/Vp – p/s 键将当前幅度显示方式转换到峰峰值方式。

< 、 > 键:多功能键,当设置数值时执行光标左右移动功能;当选中某一功能时执行二级或三级菜单循环选择功能;当输入数字时 < 键执行退格键功能。

5 个空白软键:设置功能选择键,选中相应的设置功能。

仪器有 8 种功能菜单,分别为单频、扫描、猝发、调制、键控、外测、校准、系统,在单频、扫描、猝发、键控、外测功能下可通过反复按键 $\boxed{A \Leftrightarrow B}$ 可以循环选择设置 A 路或 B 路状态,在校准、系统功能下不可以设置 A 路、B 路状态,在调制功能下 A 路为载波、B 路为调制信号(内调制),因此不能再用按键 $\boxed{A \Leftrightarrow B}$ 选择设置 B 路状态。

开机后,仪器进行自检初始化,进入正常工作状态,此时仪器根据"系统菜单"中"开机状态"的设置选择进入不同的菜单,若"开机状态"设为"默认"则选择"单频"功能,A 路、B 路处于输出状态。若"开机状态"设为"关机前"则选择关机前的菜单。

### 2.5.4　仪器的使用

#### 1. 开机与复位

按下面板上的电源按钮,电源接通。首先显示"系统初始化请等待",最后进入复位初始化状态,显示 A 路和 B 路的工作状态。在任何时候只要按 $\boxed{复位}$ 键即可回到复位初始化状态。

#### 2. 数据设定

(1) 数字键输入

10 个数字键用来向显示区写入数据。写入方式为由右至左顺序写入,超过 10 位后继续输入的数字将丢失。符号键 $\boxed{-/mVrms}$ 具有负号和单位两种功能,在"偏移"功能时,按此键可以写入负号。当数据区已经有数字时,按此键则表示数据输入结束,执行单位键功能。使用数字键只是把数字写入显示区,这时数据并没有生效,所以如果写入有误,可以按当前功能键后重新写入,也可以按 $\boxed{<}$ 键逐位清除,对仪器工作没有影响。等到确认输入数据完全正确之后,按一次单位键( $\boxed{MHz/dBm}$ 、 $\boxed{kHz/Vrms}$ 、 $\boxed{Hz/s/Vp-p}$ 、 $\boxed{mHz/ms/mVp-p}$ 、 $\boxed{-/mVrms}$ ),这时数据开始生效,仪器将显示区数据根据功能选择送入相应的存储区和执行部分,使仪器按照新的参数输出信号。数据的输入可以使用小数点和单位键任意搭配,仪器都会按照相应的单位格式将数据显示出来。

例如,输入 1.5 Hz,或 0.001 5 kHz,或 1 500 mHz,数据生效之后都会显示为 1.500 000 00 Hz。

例如,输入 3.6 MHz,或 3 600 kHz,或 3600 000 Hz,数据生效之后都会显示为 3.600 000 00 MHz。

虽然不同的物理量有不同的单位,频率用 Hz,幅度用 V,时间用 s,计数用个,相位用°,但在数据输入时,只要指数相同,都使用同一个单位键,即 $\boxed{MHz}$ 键等于 $10^6$ , $\boxed{kHz}$ 键等于 $10^3$ , $\boxed{Hz}$ 键等于 $10^0$ , $\boxed{mHz}$ 键等于 $10^{-3}$ 。输入数据的末尾都必须用单位键作为结束,因为按键面积较小,单位"个""°""%""dB"没有标注,都使用"Hz"键作为结束。随着菜单选择为频率、电压和时间等,仪器会显示出相应的单位:MHz,kHz,Hz,V,mV,s,ms,dBm,%,°,dB,菜单选择为"波形""计数"时没有单位显示。

（2）旋钮输入

在实际应用中，有时需要对信号进行连续调节，这时可以使用数字旋钮输入方法。按位移键 $<$、$>$ 可以使数据显示中的反亮数字位左移或右移，顺时针转动旋钮，可使光标位数字连续加1，并能向高位进位。逆时针转动旋钮，可使光标位数字连续减1，并能向高位借位。使用旋钮输入数据时，数字改变后即刻生效，不用再按单位键。反亮数字位向左移动，可以对数据进行粗调，向右移动则可以进行细调。旋钮输入可以在多种项目选择时使用，当不需要使用旋钮时，可以用位移键 $<$、$>$ 取消光标数字位，旋钮的转动就不再有效。

（3）数据输入方式选择

对于已知的数据，使用数字键输入最为方便，而且不管数据变化多大都能一次到位，没有中间过渡性数据产生，这在一些应用中是非常必要的。对于已经输入的数据进行局部修改，或者需要输入连续变化的数据进行搜索观测时，使用旋钮最为方便。对于一系列等间隔数据的输入则使用步进键最为方便。操作者可以根据不同的应用要求灵活地选用最合适的输入方式。

## 3. 单频功能

仪器开机后为"单频"功能，按功能区的功能选择键可以选择"单频""扫描""调制""猝发""键控""外测"6种基本输出功能，选择"系统""校准"两种仪器设置功能。下面叙述"单频"功能状态。

（1）A路频率周期设定

按 单频 、频率 键，选中"A路频率"，可用数字键或旋钮输入频率值，在"CHA"端口即有该频率的信号输出。A路信号也可以用周期值的形式进行显示和输入，选 周期 键，显示出当前周期值，用数字键或旋钮输入周期值。但是仪器仍然使用频率合成方式，只是在数据输入时进行了换算。由于受频率分辨率的限制，在周期较长时，所能给出的周期分辨率比较低，因此输出信号的实际周期值可能与输入值有些差异。

（2）A路幅度设定

按 幅度 键，选中"A路幅度"，可用数字键或旋钮输入幅度值，"CHA"端口即有该幅度的信号输出。

（3）幅度值的格式

A路幅度值的输入和显示在单频功能下有3种格式：按 Vp－p 键选择峰峰值格式 Vp－p，按 Vrms 键选择有效值格式 rms，按 dBm 键选择功率电平格式 dBm。随着幅度值格式的转换，幅度的显示值也相应地发生变化。在其他功能下仅有峰峰值格式 Vp－p。

（4）幅度衰减器

按 衰减 键可以选择A路幅度衰减方式，开机或复位后为自动方式，仪器根据幅度设定值的大小，自动选择合适的衰减比例。在选择自动方式时输出幅度在0.2 V，0.02 V和0.002 V时仪器自动进行衰减切换，这时不管信号幅度大小都可以得到较高的幅度分辨率和信噪比，波形失真也较小。但是在衰减切换时，输出信号会有瞬间的跳变，这种情况在有些应用场合可能是不允许的。因此,仪器设置有固定衰减方式。衰减后,用数字键输入衰减值,再按 Hz 键,可以设定的衰减值有 0 dB,20 dB,40 dB 和 60 dB 四挡,输入衰减值大于 60 dB 时选择为自动方式。选择固定方式可以使输出信号在全部幅度范围内变化都是连续的,但在幅度设定值较小时,信号幅度分辨率低,波形失真,信噪比可能较差。

(5)A 路输出波形选择

A 路具有两种波形,在输出选择为 A 路时,可以按 波形 键选择"波形",按 < 、 > 键或转动旋钮选择正弦波、方波或脉冲波。脉冲波既可以用脉冲宽度的方式设定和显示,也可以用占空比的方式设定和显示。仪器默认占空比显示方式,当需要用脉冲宽度方式时,选中 周期 键,显示出当前周期值,此时仪器自动改为脉冲宽度方式。当采用占空比方式时,仪器的输出频率在高频时连续,但是脉冲波的边沿有抖动现象;当采用脉冲宽度方式时,仪器的输出频率在高频时不连续,但是脉冲波的边沿没有抖动现象。

(6)A 路偏移设定

在有些应用中,需要使输出的交流信号中含有一定的直流分量,使信号产生直流偏移。在"单频"功能时,按 衰减 键选中"A 路衰减",按 0 、 Hz 键,将衰减设置为 0 dB,按 偏移 键选中"A 路偏移",显示出当前偏移值。可用数字键或调节旋钮输入偏移值,A 路输出信号便会产生设定的直流偏移。如果没有将衰减设置为 0 dB,则产生的直流偏移值将不确定。

(7)A 路输出设定

仪器开机默认 A 路输出为输出状态,当仪器处于设置 A 路状态时,按 输出 键,A 路输出关闭,再次按 输出 键,A 路开始输出。

## 4. 扫描功能

按 扫描 键选中"扫描",进入扫描状态。输出信号的扫描采用步进方式,每隔一定的时间,输出信号自动增加或减少一个步长值。扫描始点值、终点值、步长值和每步间隔时间都可由操作者来设定。下面以频率扫描为例介绍扫描参数的设定。

(1)扫描起止点

扫描区间的低端为始点频率,高端为终点频率。按 始点频率 键选中"始点",可用数字键或旋钮设定始点频率值,按 终点频率 键选中"终点",设定终点频率值。

(2)扫描步长

扫描区间设定之后,扫描步长的大小应根据测量的粗细程度而定。扫描步长越大,扫描点数越少,测量越粗糙,但扫描周期所需要的时间也越短。扫描步长越小,扫描点数越多,测量越精细,但扫描周期所需要的时间也越长。按 步长频率 键选中"步长",可用数字键或旋钮设定步长频率值。

(3)间隔时间

在扫描区间和步长设定之后,每步间隔时间可以根据扫描速度的要求来设定。每步间隔时间越小,扫描速度越快。按 时间 键选中"时间",可用数字键或旋钮设定间隔时间值。

(4)扫描幅度

按 幅度 键选中"幅度",可用数字键或旋钮设定扫描信号的幅度值。

(5)扫描方式

按 方式 键选中"方式",按 < 、 > 键或旋钮改变扫描方式,主显示区对应扫描方式将反亮显示,扫描信号按设定方式开始扫描。

(6)扫描触发源

按 触发源 键选中"触发源",按 < 、 > 键使"内"或"外"反亮显示,则相应由内部或外部触发,选择外触发时外触发信号由外触发输入 1 输入。

(7)幅度扫描

在"扫描"功能时,按 < 、 > 键或转动旋钮使"幅度扫描"反亮显示,则进行幅度扫描。各项扫描参数的定义和设定方法、扫描过程的显示,都与频率扫描相类似。

## 5. 调制功能

按 调制 键,选中"调制",即启动调制过程。在调制功能时,A 路为已调制载波信号,B 路为调制信号。一般来说载波频率应该比调制频率高 10 倍以上。

(1)频率调制或幅度调制

按 调制 键,选中"调制",按 < 、 > 键或转动旋钮使"频率调制"或"幅度调制"反亮显示,则相应进行频率调制或幅度调制。

(2)载波频率

在幅度调制时载波频率与"单频"功能时相同,但在频率调制时,DDS 合成器时钟由晶体振荡器切换为压控振荡器,载波频率(A 路频率)的频率准确度和稳定度有所降低。

(3)载波幅度

按 载波幅度 键选中"载波幅度",可用数字键或旋钮改变载波信号的幅度。

(4)调制频偏

在频率调制时,按 调制频偏 键选中"频偏",可用数字键或旋钮设定调制频偏值。

(5)载波波形

按 载波波形 键选中"载波波形",可用 < 、 > 键或旋钮改变载波信号的波形。

(6)调制频率

按 调制频率 键选中"调制频率",可用数字键或旋钮设定调制信号频率值。

(7)调制波形

按 调制波形 键选中"调制波形",可用 < 、 > 键或旋钮改变调制信号的波形。

(8)调制源选择

按 调制源 键选中"调制源",按 < 、 > 键或旋钮使"内"或"外"反亮显示,则调制信号相应由内部或外部提供。幅度调制和频率调制都可以使用外部调制信号,仪器后面板上有一个"调制输入"端口,可以引入外部调制信号。外部调制信号的频率应该和载波信号的频率相适应,外部调制信号的幅度应根据调制深度或调制频偏的要求来调整。

**6. 猝发功能**

按 猝发 键选中"猝发",仪器即进入猝发输出状态,可以输出一定周期数的脉冲串。猝发功能没有二级菜单。

(1)猝发频率设定

按 频率 键选中"频率",可用数字键或旋钮设定输出信号频率值。

(2)猝发幅度设定

按 幅度 键选中"幅度",可用数字键或旋钮设定输出信号幅度值。

(3)猝发计数设定

按 脉冲个数 键选中"个数",可用数字键或旋钮设定每组输出信号的脉冲个数。

(4)间隔时间设定

按 时间 键选中"时间",可用数字键或旋钮设定各组输出之间的间隔时间。

(5)猝发波形设定

按 波形 键选中"波形",按 < 、 > 键或转动旋钮使"正弦"或"方波"反亮,则相应输出正弦或方波信号。

(6)单次猝发

按 单次 键选中"单次",可以输出单次猝发信号,每按一次 单次 键,输出一次设定数目的脉冲串波形。

(7)触发源选择

按 触发源 键选中"触发源",按 < 、 > 键或转动旋钮使"内"或"外"反亮,则相应由内部或外部触发。外触发信号由外触发输入 1 输入。

**7. 键控功能**

在数字通信或遥控遥测系统中,对数字信号的传输通常采用频移键控(FSK)或相移键控(PSK)的方式,对载波信号的频率或相位进行编码调制,在接收端经过解调器再还原成原来的数字信号。按 键控 键选中"键控",按 < 、 > 键或转动旋钮,二级菜单循环反亮显示,仪器相应输出 FSK、PSK、ASK、OSK 调制信号。

(1)频移键控输出

二级菜单选中"2FSK"或"4FSK",则"FSK"启动。按 频率1 键选中"频率 1",设置频率 1。按 频率2 键选中"频率 2",设置频率 2。按 频率3 键选中"频率 3",设置频率 3。按 频率4 键选中"频率 4",设置频率 4。按 幅度 键选中"幅度",设置输出信号幅度。按 时间 键选中"时间",设置相邻两个频率的交替时间间隔。按 波形 键进行输出信号波形的设置。按 触发源 键选中"触发源",按 < 、 > 键或转动旋钮使"内"或"外"反亮显示,选择内部或外部触发。使用"2FSK"功能时没有频率3和频率4的选择。当选择"4FSK"和"外触发"时，外触发输入1和外触发输入2必须同时有触发信号，才能实现4FSK功能。

(2)相移键控输出

二级菜单选中"2PSK"或"4PSK"，则"PSK"启动。按 频率 键选中"频率"，设置输出信号频率。按 幅度 键选中"幅度"，设置输出信号幅度。按 相位1 键选中"相位1"，设置相位1。按 相位2 键设置相位2。按 相位3 、 相位4 键设置相位3、相位4。按 时间 键选中"时间"，设置两个相位的交替时间间隔。按 波形 键设置输出信号的波形。按 触发源 键选中"触发源"，按 < 、 > 键或转动旋钮使"内"或"外"反亮显示，选择内部或外部触发。当使用"2PSK"时没有相位3和相位4的选择。选择"4PSK""外触发"时，外触发输入1和外触发输入2必须同时有触发信号，才能实现4PSK功能。

(3)相移键控的观测

由于相移键控信号不断地改变相位，在模拟示波器上不容易同步，不能观测到稳定的图形，如果把B路频率和相移键控时的A路频率值设置为相同的值，在双踪示波器上用B路信号做同步触发信号，即可观测到稳定的相移键控信号波形。

(4)幅移键控输出

二级菜单选中"2OSK"或"2ASK"，则"2OSK"或"2ASK"启动。按 频率 键可设置输出信号频率值。按 幅度2 键选中"幅度2"，设定幅度2。按 时间 键选中"时间"，设置两个幅度的交替时间间隔。按 波形 键设置输出信号的波形。按 触发源 键选中"触发源"，按 < 、 > 键或转动旋钮使"内"或"外"反亮显示，则相应由内部或外部触发。

### 8. 外测功能

外测功能可以对外部信号进行频率测量或计数。将外部被测信号从后面板"外测输入"端口接入，被测信号可以是任意波形的周期性信号，信号幅度应大于50 mVrms，小于7 Vrms。对于低频信号，如果信号中含有高频噪声，应加低通滤波器，否则可能产生由噪声引起的触发误差，使测量结果不够精确。对于方波信号，则没有触发误差的影响。

(1)频率测量

按 外测 键选中"外测"，按 < 、 > 键或转动旋钮选中二级菜单中的"测频"，此时仪器按默认参数开始工作。按 闸门 键，选中"闸门"，设置测频时的闸门时间。按 衰减器 键，选中"衰减器"，按 < 、 > 键或转动旋钮使"开"或"关"反亮显示，使衰减器打开或关闭。按 低通 键，选中"低通滤波器"，按 < 、 > 键或转动旋钮使"开"或"关"反亮显示，将低通滤波器开通或关闭。在测量过程中如果改变闸门时间则测频停止，等闸门时间改变完成后自动启动测频。改变衰减器或低通滤波器时测频工作不停止。

(2)计数测量

按 外测 键选中"外测"，按 < 、 > 键或转动旋钮选中二级菜单中的"计数"。按 闸门键,选中"闸门",按 $\boxed{<}$、$\boxed{>}$ 键或转动旋钮使"手动"或"外闸门"反亮显示,此时计数相应由手动或外闸门控制。当闸门设为手动控制时,三级菜单显示区有一按键 $\boxed{开始/停止}$ 用来启动或停止计数功能。当闸门设置为外闸门时,计数的启动停止由外闸门控制。按 $\boxed{衰减器}$ 键,再按 $\boxed{<}$、$\boxed{>}$ 键或转动旋钮使"开"或"关"反亮显示,使衰减器工作或关闭。按 $\boxed{低通}$ 键,选中"低通滤波器",按 $\boxed{<}$、$\boxed{>}$ 键或转动旋钮使"开"或"关"反亮显示,则低通滤波器工作或关闭。按 $\boxed{清零}$ 键,则当前计数值清零。

### 9. B 路使用指南

在"单频""键控""扫描""猝发""外测"5 种功能时,按 $\boxed{A \Leftrightarrow B}$ 键,可选择设置 B 路工作状态。

(1)频率设定

按 $\boxed{频率}$ 键选中"B 路频率",可用数字键或旋钮输入频率值,在"CHB"端口即有该频率的信号输出。

(2)幅度设定

按 $\boxed{幅度}$ 键,选中"B 路幅度",可用数字键或旋钮输入幅度值,"CHB"端口即有该幅度的信号输出。

(3)幅度格式

当 B 路输出波形为正弦波、方波、三角波、降锯齿波、升锯齿波时,B 路幅度值的输入和显示在单频功能时有 3 种格式:按 $\boxed{Vp-p}$ 键选择峰峰值格式 Vp-p,按 $\boxed{Vrms}$ 键选择有效值格式 rms,按 $\boxed{dBm}$ 键选择功率电平格式 dBm。随着幅度值格式的转换,幅度的显示值也相应地发生变化。当 B 路为其他波形或功能时只有峰峰值格式 Vp-p。

如果输出波形为方波,只有在占空比为 50% 时,幅度有效值和功率电平值的显示才是正确的,如果占空比不是 50%,则方波有效值和功率电平值的显示是不正确的。当输出波形为直流时,输出端输出一个直流信号,此信号仅为演示用,信号的幅度、极性与 B 路设定的峰峰值、频率值没有直接关联。

(4)幅度衰减器

B 路有一个固定输出衰减器,随输出幅度变换自动衰减,用户不能通过键盘控制。

(5)波形选择

B 路具有 11 种波形,按 $\boxed{波形}$ 键选中"B 路波形",按 $\boxed{<}$、$\boxed{>}$ 键或转动旋钮可以对 B 路输出波形进行选择。

(6)输出设定

仪器开机默认 B 路输出为打开状态,当仪器处于设置 B 路状态时,按 $\boxed{输出}$ 键,B 路输出关闭,再次按 $\boxed{输出}$ 键,B 路输出。

### 10. 同步功能

同步功能是 A 路、B 路输出两个正弦波,A 路为基波,B 路为 A 路的谐波信号,谐波次数最大为 10 次。按 单频 键选中"单频",进入单频状态,按 < 、 > 键或转动旋钮选中"A/B 同步",进入同步菜单,此时仪器自动将两路输出设为正弦波,两路的幅度保持原值不变。按 谐波 键,选中"谐波",用数字键或旋钮输入谐波次数值,从而改变了 B 路对 A 路的谐波次数。按 频率 键,选中"频率",用数字键或旋钮输入频率值,可同时改变 A 路和 B 路的频率。分别按 A 路幅度 键或 B 路幅度 键,选中"A 路幅度"或"B 路幅度",可用数字键或旋钮改变其幅度值。按 相位差 键,选中"相位差",当 A、B 两路频率完全相同时,可用数字键或旋钮改变 A、B 两路的相位差值,当 A,B 两路频率不相同时,不存在相位差的关系,此时调节的是 A 路当前时刻对前一时刻相位的变化量。

## 2.5.5　程控接口

现在,计算机的应用已经相当普遍,传统的测量仪器逐渐被数字化测量仪器所取代,连续的手工测量工作很多都更新换代为由计算机控制的自动测试系统,这是电子测量领域发展的必然趋势。目前国内外中高档测量仪器几乎全都带有程控接口。不管任何种类、任何型号的仪器,只要带有这种接口,就可以使用一条电缆线把它们与计算机连接起来,组成一个自动测试系统。在测量过程中,系统内各种仪器之间通过接口和电缆线进行数据交换和传输。根据事先编制好的测试程序,计算机准确地控制各种仪器进行协调一致的工作。例如,首先命令信号发生器给被测对象提供一个合适的信号,再命令频率计、电压表测量出相应的频率数据和电压数据,然后由计算机做数据处理,最后送打印机打印出测试报告。这就使得各种烦琐复杂的测试任务全部由测试系统自动完成,测试人员只要编制好测试程序就可以得到测试结果了。这样做不但节省了人力,提高了效率,而且测试结果准确可靠,减少了人为的差错和失误,甚至可以完成一些手工测量无法完成的工作。

### 1. 接口的选择

本仪器可选 GPIB 测量仪器标准接口,也叫作 IEEE－488 接口,这是一种并行异步通信接口,它具有传输速度快、可靠性高和功能完善的特点,但需要在计算机里配置一块 GPIB 接口卡,使用 24 芯屏蔽电缆。该接口适用于科研和计量测试部门比较复杂的自动测试系统。

本仪器还可选 RS232 程控接口,这是一种串行异步通信接口,它具有传输距离远、传输线少和接口简单的特点,而且所有微型计算机上都带有这种接口,不需要另外配置接口卡,适用于大专院校、工矿企业等普通的测试系统。

本机也可选用 USB 程控接口,这是一种现在比较通用的接口,所有微型计算机上都带有这种接口,不需要另外配置接口卡,适用于大专院校、工矿企业等普通的测试系统。该接口符合 USBV1.1 标准。

## 2. 接口性能

(1) GPIB 接口性能与功能

①接口电平

输入输出电平采用 TTL 电平,负逻辑,即数字 0 为高电平($\geqslant 2.0$ V),数字 1 为低电平($\leqslant 0.8$ V)。

②传输速率

数据采用 8 位并行传输,传输速率一般为 50 kB/s。

③接口连接

采用 24 线标准连接器及 24 芯屏蔽电缆。

④系统组成

最多 15 台仪器,仪器之间连接电缆的总长度不能超过 20 m。

⑤适用范围

适用于一般电气干扰不太严重的实验室或生产环境。

⑥三线挂钩功能

通过三条控制线组成三线连锁挂钩方式,只有当系统中所有接收者都准备好接收数据时,发送者才能将所发送的数据送上接口总线并使数据有效。只有当发送者使接口总线上的数据有效时,系统中的接收者才允许接收这个数据,否则不允许接收数据。只有当系统中所有接收者都接收完一个数据时,发送者才能使这个数据无效,才能发送下一个数据。这就保证了系统中各设备之间准确可靠地双向异步传输数据。

⑦听者功能

在自动测试系统中,仪器处于本地控制状态时,若收到自己的听地址,则仪器被寻址为听者,进入程控状态,显示标志字符"R",此后便可以接收控者的程控命令进行工作,在串行查询时可以向控者发送表示仪器工作状态的状态字节。

⑧服务请求

当系统中的某台设备发生了事先预料不到的情况,需要控者进行处理时,可以通过接口向控者提出服务请求。控者发现系统中的设备有服务请求时,即依次对系统中的各台设备进行串行查询。被查询到的设备通过讲功能向控者发送本设备的状态字节,根据状态字节,控者可以找到提出服务请求的设备以及服务请求的内容,并做适当的处理。

⑨遥控本地

动测试系统中的仪器可以工作在"遥控"状态,接收控者的控制命令,完成各项工作;也可以工作在"本地"状态,使用面板上的按键来完成仪器的各项功能。仪器进入程控状态以后,面板按键全部失效。如果需要恢复手动操作状态,控者发送程控命令"BACK"可以使仪器返回本地控制状态,面板全部按键恢复功能,程控标志字符"R"消失。

(2) RS232 接口性能

①接口电平

逻辑 0: $+5 \sim +15$ V;逻辑 1: $-5 \sim -15$ V。

②传输格式

传输信息的每一帧数据由 11 位组成:1 个起始位(逻辑 0),8 个数据位(ASCII 码),1 个标志位(地址字节为逻辑1,数据字节为逻辑0),1个停止位(逻辑1)。无奇偶校验。

③传输速率

数据采用异步串行传输,传输速率为 14 400 bit/s。

④接口连接

采用9线标准连接器及三芯屏蔽电缆。

⑤系统组成

最多99台仪器,仪器之间连接电缆的总长度不能超过100 m。

⑥适用范围

适用于一般电气干扰不太严重的实验室或生产环境。

⑦地址信息

仪器进入程控状态以后,开始接收控者发出的信息,根据标志位判断是地址信息还是数据信息,如果收到的是地址信息,判断是不是本机地址,如果不是本机地址,则不接收此后的任何数据信息,继续等待控者发来的地址信息;如果判断为是本机地址,则开始接收此后的数据信息,直到控者发来下一个地址信息,再重新进行判断。

⑧数据信息

接收数据信息之后,进行判断并且存储,如果收到的字符是换行符"Chr(10)",则认为此次数据信息接收完毕,仪器便开始逐条执行此次程控命令规定的操作。

### 3. 进入程控

(1)GPIB 程控方式

使用随机附件 GPIB 连接线将仪器和计算机连接后,开机自检完成即可进入 GPIB 程控,也可通过程控菜单进行选择。在程控状态下返回本地,可以用程控命令"BACK"返回,也可以逆时针转动旋钮返回,此时仪器会有一声长鸣提示音。

(2)RS232 程控方式

使用随机附件 RS232 连接线把计算机和仪器相连接,打开信号发生器电源开关,自检完毕后进入本地工作状态,按 系统 、更多 键显示出程控菜单,按 程控方式 键选中"程控方式",按 < 、> 键或转动旋钮选 RS232 程控方式,按 进入程控 键使仪器进入程控状态,此时全部按键失去作用,仪器只能根据控者发出的程控命令进行工作。在程控状态下返回本地,可以用程控命令"BACK"返回,也可以逆时针转动旋钮返回,此时仪器会有一声长鸣提示音。

(3)USB 程控方式

使用随机附件 USB 连接线将计算机和仪器连接,打开电源开关,自检完毕后进入本地工作状态,USB 接口即可自行接通,也可通过程控菜单进行选择。计算机屏幕上会出现 USB 外部设备图标,仪器可以接收程控命令,也可以用键盘操作。如果要退出程控状态,点击计算机屏幕上的 USB 外部设备图标,将外部 USB 设备删除,然后便可以拆除 USB 连接线。

# 第3章

# 示 波 器

## 3.1 概 述

电子示波器简称示波器。在电子技术的发展史上,示波器产生过重大的影响。它使高速变化的现象能够显示与观察。它普遍应用于通信、国防、医学、生物科学、地质和海洋科学等领域。电子示波器能够直观地看到电信号随时间变化的波形,如直接观察并测量信号的幅度、频率、周期等基本参量。它不但可将电信号作为时间的函数显示在屏幕上,而且还可以直观观测到一个脉冲信号的前后沿、脉宽、上冲、下冲等参数,这是其他电子测量仪器很难做到的。同时,示波器测试还是多种电量和非电量测试中的基本技术。因此,示波器是时域分析的最典型仪器,也是电子测量技术应用中最广泛的仪器之一。

### 3.1.1 常用示波器的分类

根据不同使用领域的特点,已出现多种不同用途的示波器。从性能和结构特点出发可分为以下几类。

**1.通用示波器**

通用示波器采用单数示波管,应用示波器基本原理,进行定性、定量的测量与分析,如简易示波器、单踪示波器、双踪示波器。

**2.多束示波器**

多束示波器采用多束示波管,在屏幕上可同时显示两个以上的波形,它的每个波形分别由单独的电子束产生,易于观察与比较两个以上的信号,如多踪示波器、多线示波器。

**3.取样显示示波器**

取样显示示波器采用取样技术,将高频信号转换为低频信号进行测量,可扩展 Y 通道,如高阻取样示波器、低阻取样示波器。

### 4. 记忆和数字存储示波器

一些示波器除了具有通用示波器的功能外,还具有记忆功能。其中,用记忆示波器实现存储信息功能的示波器称为记忆存储示波器;借助现代计算机技术和大规模集成电路实现对信号存储的示波器称为数字存储示波器。

### 5. 特种示波器

特种示波器是指能满足特殊需求或有特殊装置的示波器,如矢量示波器、高压示波器、雷达示波器。

### 3.1.2 示波器的特性

示波器主要具有以下特性:

(1)由于电子束的惯性小,因而速度快,工作频带宽,便于观察高速变化的波形的细节。

(2)输入阻抗高,对被测信号影响小。能显示信号波形,可测量瞬时值,具有直观性。

(3)测量灵敏度高,具有较强的过载能力。

(4)随着微处理器、单片机和计算机技术在电子示波器领域的广泛应用,电子示波器的测量功能更加强大,能对多种物理量如温度、压力、振动、密度等进行直观观测。

# 3.2 模拟示波器

模拟示波器信号处理的全部过程均采用模拟方式,即 X 通道提供连续的锯齿波电压,Y 通道提供连续的被测信号,显示屏上显示的图形是光点连续运动的轨迹,即显示方式也是模拟的。

### 3.2.1 模拟单踪示波器

单踪示波器只有一个信号输入端,在屏幕上只能显示一个信号,只能检测波形的形状、频率和周期。

#### 1. 单踪示波器的基本组成

单踪示波器一般由显示电路、垂直(Y 轴)放大电路、水平(X 轴)放大电路、电源供给电路等几部分组成,如图 3-1 所示。

(1)显示电路

显示电路包括示波管及控制电路两个部分。示波管是一种特殊的电子管,是示波器的一个重要组成部分。目前示波器中采用的示波管都是具有静电偏转的阴极射线示波管,由电子枪、偏转系统和荧光屏 3 部分组成。

①电子枪

电子枪由灯丝 F、阴极 K、控制栅极 G、第一阳极 A1 和第二阳极 A2 组成。当灯丝通电

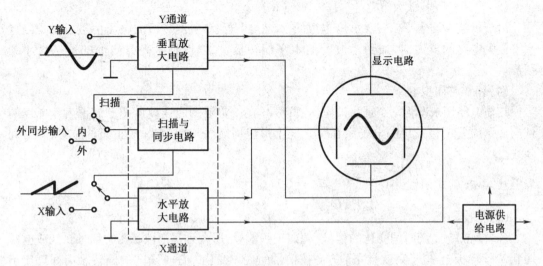

**图 3 - 1 单踪示波器的原理框图**

后,加热阴极,涂有氧化物的阴极射出大量电子,电子在阳极的正电压吸引下,穿过控制栅极中心,形成电子束,轰击荧光屏上的荧光粉使其发光。

调节栅极电压就能控制阴极发射电子束的强弱,进而调节光点明暗,这个调节过程称为"辉度"调节。

当电子束离开栅极小孔时,电子相互排斥而发散,于是引入第一阳极 A1,即聚焦极,引入第二阳极 A2,即加速极。利用第一、第二阳极之间的相对电位形成电场,使高速电子打到荧光屏上形成电子束,使波形清晰可见。调节 A1 电位的电位器在面板上称为"聚焦"旋钮;调节 A2 电位的电位器在面板上称为"辅助聚焦"旋钮。

②偏转系统

两对偏转板的相对电压将影响电子运动的轨迹。如果只在 X 轴偏转板上加直流电压,电子束通过偏转板间的电场时,受电场力的作用使光点向左或向右偏移。同理,如果只在 Y 轴偏转板上加直流电压,光点将向上或向下偏移。两对偏转板的共同作用,才决定了任一瞬间光点在屏幕上的位置。

③荧光屏

示波器荧光屏的内壁涂有一层荧光粉,当高速电子轰击荧光屏上的荧光物质时,荧光将电子的运动转换为光能,产生亮点。光点的亮度取决于轰击电子束的数目、密度和速度。光点发光后,如无电子连续轰击,该点尚能连续发光一段时间,这种现象称为"余辉"。荧光屏余辉时间的长短随着各种荧光物质的不同而不同,一般可分为极短余辉(10 ms)、短余辉(10~10 ms)、中余辉(1 ms~0.1 s)、长余辉(0.1~1 s)和极长余辉(1 s)等几种。由于荧光物质的"余辉效应"及人眼的"视觉残留效应",尽管电子束每一瞬间只能轰击荧光屏上一个点使其发光,我们仍能看到光点在荧光屏上移动的轨迹。

(2)垂直(Y 轴)放大电路

由于示波管的偏转灵敏度很低,所以被测信号电压都要先经过垂直放大电路的放大,再加到示波管的垂直偏转板上,以得到垂直方向的适当大小的图形。

（3）水平（X轴）放大电路

由于示波管的水平偏转灵敏度也很低，介入示波管水平偏转板的电压信号也要先经过水平放大电路的放大，再加到示波管的水平偏转板上，以得到水平方向上的适当大小的图形。

（4）扫描与同步电路

扫描电路用来产生一个锯齿波电压，其频率在一定范围内连续可调。该锯齿波电压的作用使示波管阴极发出的电子束在荧光屏上形成周期性的、与实际成正比的位移，即时间基线。

### 2. 显示原理

（1）扫描的概念

若想观测一个随时间变化的信号，例如正弦信号，那么只要把被观测的信号转变成电压加到 Y 偏转板上，电子束就会在 $y$ 方向按信号的规律变化。任一瞬间的偏转距离都正比于该瞬间 Y 偏转板上的电压。如果 X 偏转板间没加电压，则在荧光屏上只能看到一条垂直的直线，如图 3－2（a）所示，这是因为电子束在水平方向未受到偏转电场的作用。

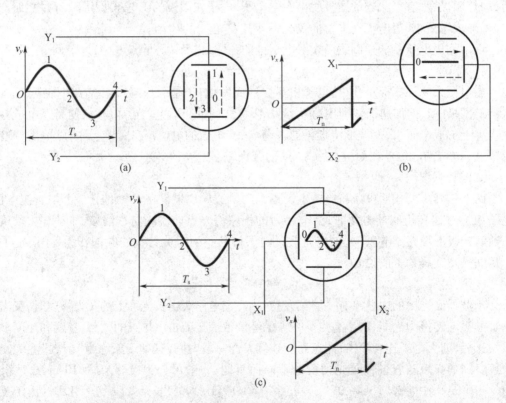

图 3－2　扫描过程

如果在 X 偏转板上加一个随时间而线性变化的电压，即加一个锯齿波电压，那么光点在 $x$ 方向的变化就反映了时间的变化。若在 $y$ 方向不加电压，则光点在荧光屏上就构成一条反映时间变化的直线，称为时间基线，如图 3－2（b）所示。当锯齿波电压达到最大值时，荧光屏上光点也达到最大偏转,然后锯齿波电压迅速返回起始点,光点也迅速返回最左端,再重复前面的变化。光点在锯齿波作用下扫动的过程称为扫描,能实现扫描的锯齿波电压叫作扫描电压,光点自左向右的扫动称为扫描正程,光点自屏的右端迅速返回起扫点扫动称为扫描回程。

当 Y 轴加上被观测的信号,X 轴加上扫描电压时,荧光屏上光点的 $y$ 和 $x$ 坐标分别与这一瞬间的信号电压和扫描电压成正比。由于扫描电压与实际成比例,所以荧光屏上所描绘的就是被测信号随时间变化的波形,如图 3-2(c)所示。

(2)同步的概念

当扫描电压的周期是被观察信号周期的整数倍时,扫描的后一个周期描绘的波形与前一个周期的完全一样,荧光屏上将得到清晰而稳定的波形,这叫作信号与扫描电压同步。

图 3-3 所示为扫描电压与被测信号同步时的情况。图 3-3 中 $\frac{T_s}{2}$,在时间轴上的 8 点处,扫描电压由最大值回到 0,这时被测电压恰好经历了两个周期,荧光点沿 8 到 10 移动时,将重复上一扫描周期观点沿 0 到 2 移动的轨迹,得到稳定的波形。如果没有这种同步关系,那么后一个周期扫描描绘的图形与前一个周期扫描的周期不重合。

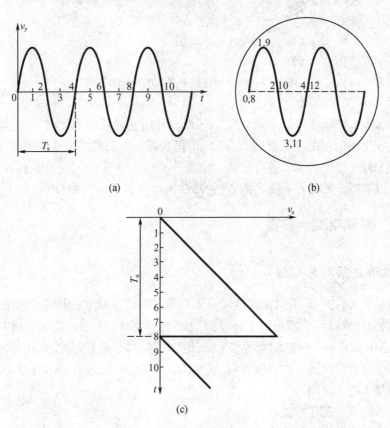

(a)

(b)

(c)

图 3-3 扫描电压与被测信号同步时的情况

（3）X – Y 工作方式

在示波管中，电子束同时受 X 和 Y 两个偏转板的作用。假定两信号为同频率正弦波，且两信号的初相位相同，则可在荧光屏上画出一条直线；若两信号在 X、Y 方向的偏转距离相同，这条直线与水平轴成 45°角，如图 3 – 4（a）所示。如果两个信号初相位相差 90°，则在荧光屏上画了同一个正椭圆；若 X、Y 方向的偏转距离相同，则荧光屏上画出的图形为圆，如图 3 – 4（b）所示。

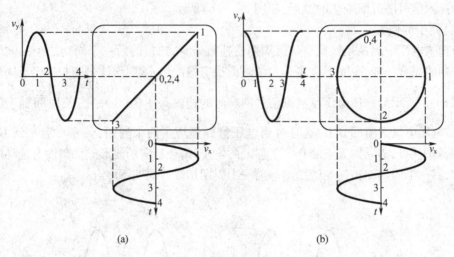

(a) (b)

图 3 – 4    两个同频信号形成的李沙育图形

这样的 X – Y 图示仪可以应用到很多领域。在用它显示图形之前，首先要把两个变量转换成与之成比例的两个电压，分别加到 X、Y 偏转板上。荧光屏上任一瞬间光点的位置都是由偏转板上两个电压的瞬时值决定的。由于荧光屏的余辉时间使人眼有残留的效应，从荧光屏上可以看到全部光点构成的曲线，它反映两个变量之间的关系。

## 3.2.2　模拟双踪示波器

### 1. 双踪示波器的基本组成

由于测量的实际需要，有时需要同时显示两个相关而又独立的被测信号之间的时间、相位及幅度的关系，或者为了实现两个信号的“和”“差”显示，人们在应用普通示波器的基础上，在 Y 通道中多设一个前置放大器和垂直开关电路，利用垂直开关，采用时间分割的方法轮流地将两个信号接至同一垂直偏转板，实现双踪显示，这就是双踪示波器。图 3 – 5 是双踪示波器的基本组成框图。

### 2. 双踪示波器的工作方式

双踪示波器主要有 5 种工作方式，即 CH1、CH2、ADD（加减运算），交替和断续。前三种均为单踪显示，CH1 和 CH2 与普通单踪示波器显示原理相同，只显示一个信号；ADD（加减运算）显示的波形为两个信号的“和”或“差”；交替和断续为双踪显示，下面简要介绍交替和断续显示方式。

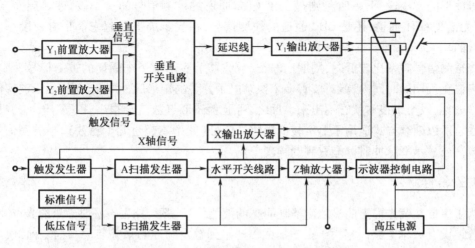

图 3 - 5　双踪示波器的基本组成框图

（1）交替显示方式

交替方式的双踪显示原理是：当电子束第一次扫描时，将 CH1 通道的被测信号作用到垂直偏转板。第二次扫描时将 CH2 通道的被测信号作用到垂直偏转板，如此交替反复，使得 CH1 和 CH2 两个通道的被测信号同时显示到显示屏上。CH1、CH2 两个通道的被测信号在作用到示波管的垂直偏转板之前要经过各自的电子开关，电子开关的通断状态受控制脉冲的控制。示波器可以从扫描锯齿波形成电路中取得与扫描锯齿波同步的矩形脉冲，用这个矩形脉冲去控制一个通道的电子开关。再用这个矩形脉冲的反相波形去控制另一个通道的电子开关，使得两个电子开关交替通断，交替方式双踪显示如图 3 - 6 所示。

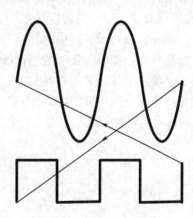

图 3 - 6　交替方式双踪显示

由于两个波形轮流显示时交替的速度很快，只要交替频率大于 25 Hz（荧光屏有一定的余辉时间，人眼也有视觉滞留效应），就可得到两个波形同时显示的效果。利用交替方式显示两个信号的时间差或相位差时，需注意选择相位超前的信号作为固定的内触发源，或采用外触发方式。交替显示方式只适用于显示频率较高的被测信号，因为扫描频率过低会产生明显的闪烁。

（2）断续显示方式

由于交替显示方式在被测信号的频率较低时容易出现亮度的闪烁感，所以示波器中还设置了一种断续显示方式。

断续显示方式也是采用使两个垂直通道的电子开关轮流通断的方法，但是与交替显示方式不同的是这种轮流通断不与水平扫描锯齿波同步。它是在示波器中设置一个频率在 100 kHz ~ 1 000 kHz 的方波振荡器，用这个振荡器输出的两路互为反相的方波去控制两个垂直通道的电子开关。当两路被测信号频率较低时，示波管在某一时刻显示 CH1 通道的被测信号波形的一小段,下一时刻则显示出 CH2 通道的被测信号的一小段,如此周而复始。这样,无论是 CH1 通道,还是 CH2 通道的被测信号,在显示屏上看起来都是由一段一段信号组成的。

当被测信号频率比较低时,周期比较长,示波器上显示出一个周期的被测信号,则在扫描锯齿波正程期的时间内,就对应着多个控制电子开关的矩形脉冲周期,这样显示波形的点数就很密集,以至于根本就看不出来。反之,所显示波形点数就会很少,以至于影响波形的完整性。所以断续方式适用于显示较低频率的信号(频率不超过几十赫兹),当被测信号的频率较高或显示窄脉冲时可能看到断续现象。

### 3. Z 轴电路

为了保证在荧光屏上能显示出清晰明亮的被测信号波形,抹去不必要显示的光点轨迹,示波管还设有 Z 轴电路。它用于在扫描回程开始到触发脉冲到来并启动扫描之前,使电子束截止,而在正程期间让电子束通过。如果需外加信号来对显示图形进行调亮,也可在 Z 轴电路进行。其原理是:在扫描正程期间,由扫描闸门开关电路提供一个与扫描正程等宽的方波脉冲信号,经 Z 轴电路放大后以正极性加到示波管栅极,提高栅极电压,增大电子束,增强被显示信号的辉度,称为增辉。

此外在双踪示波器中,需要对波形变换过程的光点轨迹进行清理。在交替扫描状态下,消隐信号由扫描电路产生的逆程脉冲产生,在断续扫描状态则由垂直开关电路来提供消隐信号。消隐信号经 Z 轴电路放大后也加至示波管栅极,但由于它是负极性的,使得电子束截止。实际电路中,增辉和消隐信号及人工增辉控制信号混合在一起,统称为增辉信号,经 Z 轴放大后再加至栅极电路,以对示波管的辉度进行控制。

## 3.3 数字示波器

数字示波器是一种具有数字存储功能的新型示波器,因而也称数字存储示波器(Digital Storage Oscilloscope)。目前这种示波器统称数字示波器,简称 DSO。

### 3.3.1 数字示波器的组成原理

数字示波器是 20 世纪 70 年代初发展起来的一种新型示波器。这种类型的示波器可以方便地实现对模拟信号波形数字化,进行长期存储,并能利用内嵌的微处理器对存储信号做进一步处理,例如,对被测波形的频率、幅值、前后沿时间、平均值等参数的自动测量,以及多种复杂的处理。数字示波器的出现使传统示波器的功能发生了重大变革。

#### 1. 数字/模拟两用示波器的原理

图 3-7 给出了一个模拟/数字两用示波器原理框图,它有模拟与数字两种工作模式。当处于模拟工作模式时,其电路组成原理与一般传统模拟示波器一样,这里不再赘述。当处于数字工作模式时,它的工作过程一般可以分采样存储和显示两个阶段。在采样存储工作阶段,模拟输入信号先经过适当放大或衰减,然后进行数字化处理。数字化处理包括"取

样"和"量化"两个过程,取样是获得模拟输入信号的离散值,而量化则是使每个取样的离散值经 A/D 转换器转换成数字。最后,数字化信号在控制电路的控制下依次写入采样存储器中。上述取样、量化以及写入过程都是在同一频率的控制下进行的。在显示工作阶段,采用了较低的读时钟脉冲频率从采样存储器中依次把数字信号读出,并经 D/A 转换器转换成模拟信号,经垂直放大器放大加到 CRT 的 Y 偏转板。与此同时,读地址信号也加至另一个 D/A 转换器,得到一个锯齿波的扫描电压,加到水平放大器,驱动 CRT 的 X 偏转板,从而实现在 CRT 上以稠密光点的形式重现模拟输入信号。显示屏上显示的每一个点都代表采样存储器捕获的一个数据,点在屏幕中的垂直位置与对应存储单元中数据的大小相对应,点在屏幕中的水平位置与存储单元的地址相对应。GP–IB 为通用接口总线,通过它可以程控数字示波器的工作状态并且使内部采样存储器和外部设备交换数据成为可能。

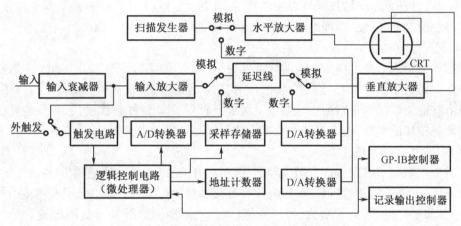

**图 3–7　模拟/数字两用示波器原理框图**

　　这种数字示波器是以微处理器为基础的电子仪器,因此可归属为智能仪器。这种早期的数字示波器的控制一般只使用一个微处理器,难以实现高速采集处理与显示的要求。现代 DSO 一般都采用多微处理器方案,数据的采集及存储过程采用一个专用的处理器;而波形的显示、数据处理及各种接口的控制则由主微处理器进行处理。由于多个处理器各负其责,因而可使采样率及显示更新率有很大提高。除此之外,现代数字示波器还采用先进高速采集器件和技术、多种采集方式、插值技术,以及专用的波形翻译器等,使数字示波器的性能有了很大的提高。

**2. 数字示波器的特点**

数字示波器与模拟示波器相比较有下述几个特点。

(1)波形的采样、存储与波形的显示是可以分离的

数字示波器在存储工作阶段,对快速信号采用较高的采样速率进行采样与存储,对慢速信号采用较低速率进行采样与存储,但在显示工作阶段,其读出速度可以采取一个固定的速率,并不受采样速率的限制,因而可以获得清晰而稳定的波形。这样,就可以无闪烁地观察极慢信号,这是模拟示波器无能为力的。对于观测极快信号来说,模拟示波器必须选择带宽很高的阴极射线示波管,这就使造价上升,并且带宽高的示波管一般显示精度和稳定性都较

低。而数字示波器采样低速显示,从而可以使用低带宽、高精度、高可靠性而低造价的示波管,这就从根本上解决了上述问题。若采用彩色显示,还可以很好地分辨各种信息。

(2)能长时间地保存信号

这种特性对观察单次出现的瞬变信号尤为有利。有些信号,如单次冲击波、放电现象等都是在短暂的一瞬间产生的,在模拟示波器的屏幕上一闪而过,很难观察。数字示波器问世以前,屏幕照相是"存储"波形所采取的主要方法。数字示波器是把波形用数字方式存储起来,因而其存储时间在理论上可以是无限长的。

(3)具有先进的触发功能

数字示波器不仅能显示触发后的信号,而且能显示触发前的信号,并且可以任意选择超前或滞后的时间,这为材料强度研究、地震研究、生物机能实验提供了有利的工具。除此之外,数字示波器还可以向用户提供边缘触发、组合触发、状态触发、延迟触发等多种方式,来实现多种触发功能,方便、准确地对电信号进行分析。

(4)测量精度高

模拟示波器水平精度由锯齿波的线性度决定,故很难实现较高的时间精度,一般限制在3% ~5% 。而数字示波器由于使用晶振作为高稳定时钟,有很高的测时精度。采用多位A/D转换器也使幅度测量精度大大提高。尤其是能够自动测量直接读数,有效地克服了示波管对测量精度的影响,使大多数的数字示波器的测量精度优于1% 。

(5)具有很强的处理能力

这是由于数字示波器内含有微处理器,因而能自动实现多种波形参数的测量与显示,例如上升时间、下降时间、脉宽、频率、峰峰值等参数的测量与显示。能对波形实现多种复杂的处理,例如取平均值、取上下限值、频谱分析,以及对两波形进行加、减、乘等运算处理。同时,还能使仪器具有许多自动操作功能,例如自检与自校等功能,使仪器的使用很方便。

(6)具有数字信号的输入/输出功能

可以很方便地将存储的数据送到计算机或其他外部设备,进行更复杂的数据运算或分析处理。同时,还可以通过 GP – IB 接口与计算机一起构成强有力的自动测试系统。

数字示波器也有它的局限性,如在观测非周期信号时,由于受 A/D 转换器最大转换速率等因素的影响,数字示波器目前还不能用于较高的频率场合。

### 3.3.2　数字示波器的主要性能指标与分析

#### 1. 主要性能指标

数字示波器许多性能指标与模拟示波器相似,本节重点讨论数字示波器所特有的几个主要的技术指标。

(1)采样速率 $f_s$

采样速率是指单位时间内对模拟输入信号的采样次数,单位为 ms/s 或 MSa/s(兆次/秒)等。DSO 给出的采样速率指标是指 DSO 所能达到的最高采样速率,由 A/D 转换器的最高转换速率决定。最高采样速率表示了仪器在时间轴上捕捉信号细节的能力。

示波器不能总以最高采样速率工作,为了能在屏幕上清晰地观测不同频率的信号,DSO设置了多挡扫描速度,以提供多种采样速率。DSO 的最高扫描速度挡与其最高采样速率相对应。

（2）记录长度 $L$

记录长度又称存储容量或存储深度，用记录一帧波形数据所占有的最大存储容量来表示，单位为 KB 或 MB 等。记录长度表示 DSO 能够连续存入采样点的最大字节数。

记录长度越长，水平分辨率就越高，就允许用户捕捉更长时间范围内的事件，就能为复杂波形提供更详细的描述。一般来说，记录长度越长越好，但是受高速存储器制造技术的限制，目前，DSO 记录的长度是有限的。

（3）频带宽度 $BW$

当示波器输入不同频率的等幅正弦信号时，屏幕上显示的信号幅度下降 3 dB 时所对应的输入信号上、下限频率之差，称为示波器的频带宽度，单位为 MHz 或 GHz。

数字示波器的频带宽度有模拟带宽和存储带宽两种表达方式。

①模拟带宽

数字示波器的模拟带宽是指采样电路以前模拟信号通道电路的频带宽度，主要由 Y 通道电路的幅频特性决定。如不特别说明，数字示波器的频带宽度是指其模拟带宽。

②存储带宽

存储带宽按采样方式的不同分为实时带宽与等效带宽两种。

实时带宽是指数字示波器采用实时采样方式时所具有的存储带宽，主要取决于 A/D 转换器的采样速率 $f_s$ 和显示所采用的内插技术。根据取样定理，如果采样速率大于或等于信号最高频率分量的 2 倍，便可重现原信号波形。实际上，在数字示波器的设计中，为保证显示波形的分辨率，往往要求增加更多的使采样点。对于一个周期的正弦信号来说，若每个周期的采样点数为 $k$，则其实时带宽为

$$BW = \frac{f_s}{k} \tag{3-1}$$

采用点显示方式时，$k$ 的取值范围一般为 20 ~ 25，即示波器的 $f_s$ 应大于被观测信号最高频率分量的 20 ~ 25 倍。采用插值技术可以降低对示波器 $f_s$ 的要求，当采用矢量式显示时，取 $k = 10$ 即可恢复波形；当采用正弦内插方式时，取 $k = 2.5$ 就足以构成一个较完整的正弦波形。

等效带宽是指 DSO 工作在等效采样工作方式下测量周期信号时所表现出来的频带宽度。在等效采样工作方式下，要求信号必须是周期重复的，DSO 一般要经过多个采样周期，并对采集到的样品进行重新组合，才能精确地显示被测波形。等效带宽可以做得很宽，有的 DSO 的等效带宽可达到几十吉赫兹以上。

③分辨率

分辨率是指示信号波形细节的综合指标，它包括垂直分辨率和水平分辨率。

垂直分辨率又称电压分辨率，它由 DSO 采用的 A/D 转换器的分辨率来决定，常以 A/D 转换器的位数来表示，单位为 bit。例如，某 DSO 采用了 8 位的 A/D 转换器，则称该 DSO 的垂直分辨率为 8 bit。需要说明的是，受噪声、带宽等因素的影响，A/D 转换器的实际比特分辨率会有所下降，例如，转换速率为 200 ms/s 的 8 位 A/D 转换器 AD770，当输入 100 MHz 满刻度信号时，它的实际比特分辨率仅为 5 bit。简单地用 A/D 转换器的比特分辨率来代表 DSO 的垂直分辨率并不科学。因此，国际上拟采用有效比特分辨率（EBR）来代替理想的垂

直分辨率,但目前还未见统一的评价标准。

垂直分辨率还可以用每格分级数(级/格)来表示。设某 DSO 采用 8 位的 A/D 转换器,屏幕垂直方向的刻度为 8 格,则该 DSO 的垂直分辨率为 32 级/格。

DSO 的水平分辨率也称为时间间隔分辨率,常以 DSO 在进行 $\Delta T$ 测量时所能分辨的最小时间间隔值来表示。如果不加内插,当 DSO 的采样速率为 $f_s$ 时,定义 DSO 的时间间隔分辨率为 $1/f_s$;如果加了内插算法,且内插器的增益为 $N$,定义 DSO 的时间间隔分辨率为 $1/(Nf_s)$。

早期示波器也常用每格的点数(点/格)表示水平分辨率。例如,某 DSO 的记录长度为 1 KB,屏幕水平方向的刻度有 10 div,则该 DSO 的水平分辨率为 100 点/格。

分辨率与测量准确度紧密相关,但分辨率并不等于测量准确度,而是在理想情况下测量准确度的上限。

④垂直灵敏度及误差

垂直灵敏度是指 DSO 显示的垂直方向(Y 轴)每格所代表的电压幅度值,常以 V/div、mV/div 等表示。根据模拟示波器的习惯,DSO 也按 1 - 2 - 5 步进方式进行垂直灵敏度分挡,每挡也可以细调。垂直灵敏度参数表明了示波器测量最大和最小信号幅度的能力。

垂直灵敏度误差是指 DSO 测量信号幅度的准确度,一般用规定频率的标准幅度脉冲信号作为校验信号,其计算公式为

$$e = \frac{\dfrac{V_1}{D} - V_2}{V_2} \times 100\% \qquad (3-2)$$

其中,$e$ 为垂直灵敏度误差;$V_1$ 为测量读数值(V);$V_2$ 为校准信号每格电压值(V);$D$ 为校准信号幅度(div)。

⑤扫描速度及误差

扫描速度是指示波器光点在屏幕水平方向上移动一格所占用的时间,以 s/div、ms/div、μs/div、ns/div、ps/div 等表示。沿用模拟示波器的习惯,数字示波器也按 1 - 2 - 5 步进方式进行分挡,每挡也能细调。扫描速度表明了示波器能测量信号频率的范围。

扫描速度取决于 A/D 转换器的转换速率及实际记录长度,其值为相邻两个取样点的时间间隔与每格(div)取样点数 $N$ 的乘积,即

$$s/div = \frac{N}{f_s} \qquad (3-3)$$

扫描速度误差是指 DSO 测量时间间隔的准确度。一般用具有标准周期时间的脉冲信号作为校准信号,其计算公式如下:

$$e = \frac{\Delta t - T_0}{T_0} \times 100\% \qquad (3-4)$$

其中,$e$ 为扫描误差;$T_0$ 为校准信号周期时间值;$\Delta t$ 为测量校准信号周期时间的读数值。

⑥触发灵敏度及触发抖动

触发灵敏度是指 DSO 能够同步而稳定地显示被测信号波形所需要触发信号的最小幅度。常以屏幕垂直方向的格数(div)为单位来表示。受触发通道频率特性限制,DSO 在不同频段常规定不同的触发灵敏度指标。

触发抖动是指 DSO 在测量信号时,波形沿水平方向抖动的 DSO 时间值,用以表明 DSO

触发同步的良好程度。校验触发抖动时,触发信号选用快沿脉冲,DSO 扫描速度设置到最快挡,在无限长余辉方式下使波形水平抖动积累规定的时间,然后用 $\Delta T$ 光标测量脉冲边沿与水平中心刻度线相交的摆幅,即为示波器的触发抖动。

⑦屏幕刷新率

屏幕刷新率也称为波形捕获率,是指示波器的屏幕每秒钟刷新波形的最高次数。波形捕获率高能组织更大数据量的信息,并予以显示,尤其是在动态复杂信号和隐藏在波形信号下异常信号的捕捉方面有着特别的作用。

屏幕刷新率实际上反映的是数字示波器从采集、存储到显示的综合速度指标,是数字示波器能力的一个重要方面。

### 2. 记录长度与采样速率的关系

早期 DSO 设计的记录长度与显示器水平方向的分辨率在数值上是一致的,记录长度、实际采样速率和扫描速度三者之间存在以下关系:

$$L = f_s \times (s/div) \times 10 \tag{3-5}$$

其中,$L$ 表示记录长度;$f_s$ 表示实际的采样速率;s/div 表示扫描速度;10 表示显示屏幕水平方向的刻度为 10 格。

式(3-5)表明,在记录长度 $L$ 确定之后(由硬件确定,不能改变),DSO 的采样速率 $f_s$ 与扫描速度 s/div 成反比。例如,对于一个 21 万像素(575×368)的显示屏幕来讲,为了保证显示的波形能达到该显示屏的最高时间分辨率,水平方向应显示 500 个采样点的数据(相当于 50 点/格),即记录长度 $L$ 应为 500。使用中应根据所选的扫描速度来决定采样速率。例如,当扫描速度选择 1 μs/div,就应给出 50 ms/s 的采样速率,正好保证水平方向有 500 个采样点。这时,如果选择的采样速率太低,则采样点太少,不能保证水平分辨率;如果选择的采样速率太高,则采样点太多,采样存储器又会溢出。早期的 DSO 普遍采用这种"扫描速度与采样速率联动"的方式来维持式(3-5)的平衡。

这种设计方案存在以下两个缺点。

(1)由于记录长度是以显示窗口的最高水平分辨率来设计的,DSO 的记录长度不可能太长(一般在 512 B 左右或 1 024 B 左右),因此,很难完整地记录并显示一个较复杂的信号。

(2)不便观测一个同时含有高频和低频成分的信号波形。例如,要求显示一行含有行同步信号的电视信号,若以低频的行频信号调整扫描速度,可以看到一行完整的信号,但看不清楚其中电视信号的波形;若以其中高频的电视信号调整扫描速度,则又看不到一行完整的信号。要想观察到又长又复杂波形的细节,就需要在较高采样速率情况下进行较长时间的记录,因而,现代 DSO 把增加记录长度(即提高存储深度)作为提高 DSO 性能的一项重要改进措施。

受高速采样存储器制造技术的限制,DSO 的记录长度不可能无限长,现代 DSO 记录长度已达 48 MB 的超长存储深度,从而支持在高采样速率情况下对复杂波形的捕获。增加记录长度后,一次捕捉的波形样点就多了,一帧数据就可同时含有高频和低频的完整信号。但是,屏幕水平方向一般只有 500 点左右(或 1 000 点左右)的像素,只能看到波形中的某一部分。例如,若捕获了 100 000 点的波形,但仅有 500 点数据能在屏幕上显示。为此,不少厂家提出"窗口放大"或"波形移动"等功能,使用户通过多次放大或左右移动,既可看到波形的全貌又可看到局部细节,解决了长记录长度和显示处理之间的矛盾。由于 DSO 的记录长度远大于显示器的水平分辨率,因此,当从采样存储器取数送到显示器进行显示时,应每隔若干个地址取一个数据,这时显示的波形虽然不能给出细节,但可以观测到波形的全貌。第二行给出了完整信号的某一部分(五分之一部分)的波形,由于该部分波形在时间上放大了5倍,因此当从采样存储器取数送显时,两个相邻数据地址距离应较前缩短80%,虽然这样处理使波形不够完整,但可以有选择地观察到某一部分波形的细节。逐级选择放大显示最大可缩放125倍。很显然,增加记录长度后,扫描速度、取样速率和记录长度之间的关系不可能再完全符合式(3-5)。一次采集可以占用采样存储器的全部容量,但在设置的扫描速度较高时,受DSO的最高采样速率的限制,一次采集只能占用采样存储器的一部分。

以一台最高采样速率为100 ms/s、记录长度为1 MB的DSO为例,当DSO的扫描速度设置在1 ms/div以下时,DSO的采样速率能按式(3-5)的规律跟随扫描速度变化,如当DSO的扫速设置在10 ms/div时,DSO实际采样速率为10 ms/s,能存满容量为1 MB的采样存储器,能记录较复杂的波形。但当扫描速度设置在100 μs/div时,由于DSO的最高采样速率只能为100 ms/s,不能再提升,这时每个采集周期只能采集1 000个采样点,DSO仍可正常显示,但不再具备DSO"窗口放大"或"波形移动"等功能,即不能记录较复杂的波形;若要继续提高扫描速度,则DSO每个采集周期的采样点将会继续减少,低于500点(或低于1 000点),这时将会影响显示分辨率。

## 3.4 DS1000E、DS1000D系列数字示波器

DS1000E、DS1000D系列产品是一款高性能指标、经济型的数字示波器;其中,DS1000E系列为双通道加一个外部触发输入通道的数字示波器。DS1000D系列为双通道加一个外部触发输入通道以及带16通道逻辑分析仪的混合信号示波器(MSO)。

DS1000E、DS1000D系列数字示波器前面板设计清晰直观,完全符合传统仪器的使用习惯,方便用户操作。为加速调整,便于测量,直接使用AUTO键将立即获得适合的波形显示和挡位设置。此外,高达1 GSa/s的实时采样率、25 GSa/s的等效采样率及强大的触发和分析能力,可帮助用户更快、更细致地观察、捕获和分析波形。

### 3.4.1 DS1000E、DS1000D系列数字示波器的主要特点

DS1000E和DS1000D系列数字示波器的主要特点如下:

(1)提供双模拟通道输入,最大1 GSa/s实时采样率,25 GSa/s等效采样率,每通道带宽100 MHz(DS1102E、DS1102D)、50 MHz(DS1052E、DS1052D);16个数字通道,可独立接通或关闭,或以8个为一组接通或关闭(仅DS1000D系列);5.6 in[①]64 k色TFT LCD,波形显示更加清晰。

(2)具有丰富的触发功能,包括边沿、脉宽、视频、斜率、交替、码型和持续时间触发(仅DS1000D系列);独一无二的可调触发灵敏度,适合不同场合的需求;自动测量20种波形参数,具有自动光标跟踪测量功能;独特的波形录制和回放功能;精细的延迟扫描功能;内嵌FFT功能。

---

① 1 in(英寸) =25.4 mm。

（3）拥有 4 种实用的数字滤波器：LPF、HPF、BPF、BRF；Pass/Fail 检测功能,可通过光电隔离的 Pass/Fail 端口输出检测结果；多重波形数学运算功能；提供功能强大的上位机应用软件 UltraScope。

（4）标准配置接口：USB Device、USB Host、RS232,支持 U 盘存储和 PictBridge 打印；独特的锁键盘功能,满足工业生产需要；支持远程命令控制；嵌入式帮助菜单,方便信息获取。

（5）多国语言菜单显示,支持中英文输入；支持 U 盘及本地存储器的文件存储；模拟通道波形亮度可调；波形显示可以自动设置（AUTO）；弹出式菜单显示,方便操作。

### 3.4.2 垂直系统

**1. 初步了解垂直系统**

如图 3 - 8 所示,在垂直控制区（VERTICAL）有一系列的按键、旋钮（其中,仅 DS1000D 系列有 LA 按键）。下面的练习逐步引导您熟悉垂直系统的使用。

（1）使用垂直 POSITION 旋钮控制信号的垂直显示位置

当转动垂直 POSITION 旋钮,指示通道（GROUND）的标志跟随波形而上下移动。

测量技巧：如果通道耦合方式为 DC,您可以通过观察波形与信号地之间的差距来快速测量信号的直流分量。如果耦合方式为 AC,信号里面的直流分量被滤除。这种方式方便您用更高的灵敏度显示信号的交流分量。

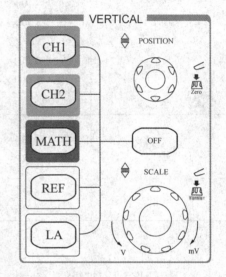

**图 3 - 8 垂直控制系统**

双模拟通道垂直位置恢复到零点快捷键：旋动垂直 POSITION 旋钮不但可以改变通道的垂直显示位置,更可以通过按下该旋钮作为设置通道垂直显示位置恢复到零点的快捷键。

（2）改变垂直设置并观察因此导致的状态信息变化

可以通过波形窗口下方的状态栏显示的信息,确定任何垂直挡位的变化。转动垂直 SCALE 旋钮改变“Volt/div”（伏/格）垂直挡位,可以发现状态栏对应通道的挡位显示发生了相应的变化。

按 CH1、CH2、MATH、REF、LA（仅 DS1000D 系列）,屏幕显示对应通道的操作菜单、标志、波形和挡位状态信息。按 OFF 键关闭当前选择的通道。

Coarse/Fine（粗调/微调）快捷键：可通过按下垂直 SCALE 旋钮作为设置输入通道的粗调/微调状态的快捷键,调节该旋钮即可粗调/微调垂直挡位。

**2. 设置垂直系统**

DS1000E、DS1000D 系列提供双通道输入。每个通道都有独立的垂直菜单。每个项目都按不同的通道单独设置。按 CH1 或 CH2 功能键,系统将显示 CH1 或 CH2 通道的操作菜单,说明见表 3 - 1（以 CH1 为例）。

表 3 - 1　通道设置菜单表

| 功能菜单 | 设定 | 说明 |
| --- | --- | --- |
| 耦合 | 直流<br>交流<br>接地 | 通过输入信号的交流和直流成分<br>阻挡输入信号的直流成分<br>断开输入信号 |
| 带宽限制 | 打开<br>关闭 | 限制带宽至 20 MHz,以减少显示噪音满带宽 |
| 探头 | 1 ×<br>5 ×<br>10 ×<br>50 ×<br>100 ×<br>500 ×<br>1 000 × | 根据探头衰减因数选取相应数值,确保垂直标尺读数准确 |
| 数字滤波 | | 设置数字滤波(详见滤波的设置表格) |
| 挡位调节 | 粗调<br>微调 | 粗调按 1 - 2 - 5 步进方式设定垂直灵敏度微调是指在粗调设置范围之内以更小的增量改变垂直挡位 |
| 反相 | 打开<br>关闭 | 打开波形反相功能波形正常显示 |

(1)设置通道耦合

以 CH1 通道为例,被测信号是一含有直流偏置的正弦信号。

按 CH1→耦合→交流,设置为交流耦合方式,被测信号含有的直流分量被阻隔,波形显示如图 3 - 9 所示。

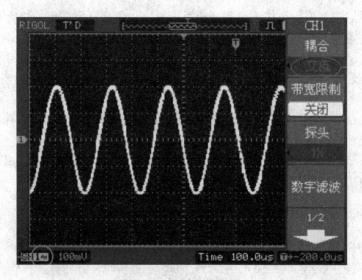

图 3 - 9　交流耦合设置

按 CH1→耦合→直流,设置为直流耦合方式,被测信号含有的直流分量和交流分量都可以通过,波形显示如图 3 – 10 所示。

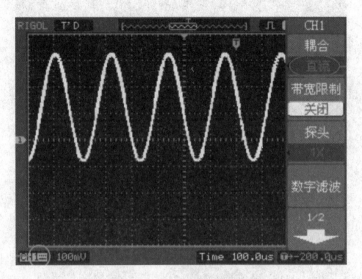

图 3 – 10　直流耦合设置

按 CH1→耦合→接地,设置为接地耦合方式,信号含有的直流分量和交流分量都被阻隔,波形显示如图 3 – 11 所示。

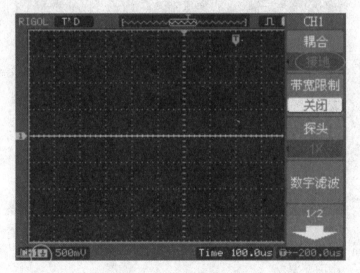

图 3 – 11　接地耦合设置

（2）设置通道带宽限制

以 CH1 通道为例,被测信号是一含有高频振荡的脉冲信号。

按 CH1→带宽限制→关闭,设置带宽限制为关闭状态,被测信号含有的高频分量可以通过,波形显示如图 3 – 12 所示。

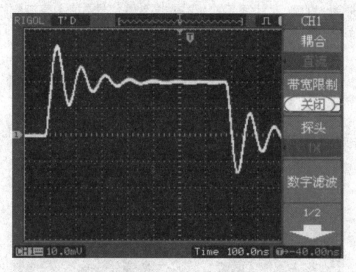

图 3 – 12  关闭带宽限制

按 CH1→带宽限制→打开,设置带宽限制为打开状态,被测信号含有的大于 20 MHz 的高频分量被阻隔,波形显示如图 3 – 13 所示。

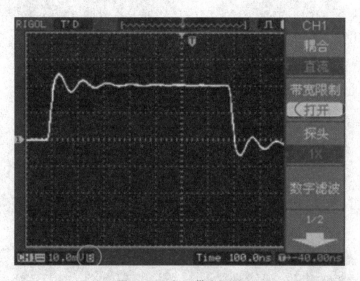

图 3 – 13  打开带宽限制

(3)调节探头比例

为了配合探头的衰减系数,需要在通道操作菜单中调整相应的探头衰减比例系数。如探头衰减系数为 10:1,示波器输入通道的比例也应设置成 10 ×,以避免显示的挡位信息和测量的数据发生错误。图 3 – 14 和表 3 – 2 所示为应用 1 000:1 探头时的设置及垂直挡位的显示。

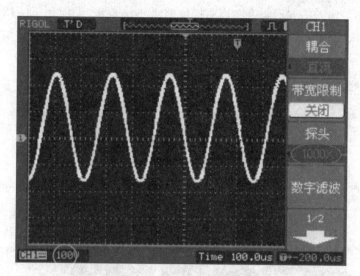

图 3 - 14  设置探头衰减系数

表 3 - 2  探头衰减系数菜单

| 探头衰减系数 | 对应菜单设置 |
|---|---|
| 1:1 | 1 × |
| 5:1 | 5 × |
| 10:1 | 10 × |
| 50:1 | 50 × |
| 100:1 | 100 × |
| 500:1 | 500 × |
| 1 000:1 | 1 000 × |

（4）数字滤波设置

DS1000E、DS1000D 系列提供 4 种实用的数字滤波器（低通滤波器、高通滤波器、带通滤波器和带阻滤波器）。通过设定带宽范围，能够滤除信号中特定的波段频率，从而达到很好的滤波效果。

按 CH1→数字滤波，系统将显示 FILTER 数字滤波功能菜单，旋动多功能旋钮（ ）选择数字滤波类型和频率上限、下限值，设置合适的带宽范围，如图 3 - 15、图 3 - 16 和表 3 - 3 所示。

（5）挡位调节设置

垂直挡位调节分为粗调和微调两种模式。垂直灵敏度的范围是 2 mV/div ~ 10 V/div （探头比例设置为 1 ×）。

粗调是以 1 - 2 - 5 步进序列调整垂直挡位，即以 2 mV/div，5 mV/div，10mV/div，20 mV/div，…，10 V/div 方式步进。微调是指在粗调设置范围之内以更小的增量进一步调整垂直挡位。如果输入的波形幅度在当前挡位略大于满刻度,而应用下一挡位波形显示幅度稍低,可以应用微调改善波形显示幅度,以利于观察信号细节。挡位调节图如图 3 - 17 所示。

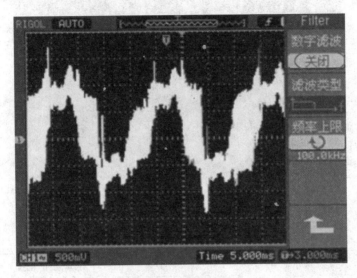

图 3 - 15  关闭数字滤波

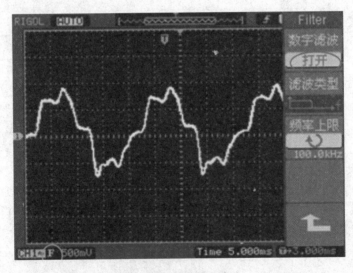

图 3 - 16  打开数字滤波

表3-3 滤波器设置菜单

| 功能菜单 | 设定 | 说明 |
|---|---|---|
| 数字滤波 | 关闭<br>打开 | 关闭数字滤波器<br>打开数字滤波器 |
| 滤波类型 | 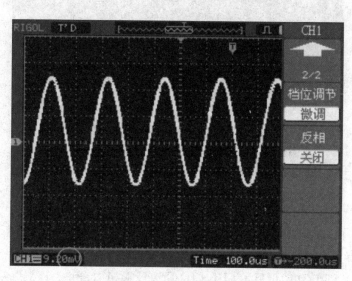 | 设置滤波器为低通滤波<br>设置滤波器为高通滤波<br>设置滤波器为带通滤波<br>设置滤波器为带阻滤波 |
| 频率上限 | ⟲上限频率 | 多功能旋钮<br>设置频率上限 |
| 频率下限 | ⟲下限频率 | 多功能旋钮<br>设置频率下限 |
| ⬑ | | 返回上一级菜单 |

图3-17 挡位调节示意图

另外,切换粗调/微调不但可以通过此菜单操作,也可以通过按下垂直 SCALE 旋钮作为设置输入通道的粗调/微调状态的快捷键。

(6)波形反相的设置

波形反相设置,可将信号相对地电位翻转180°后再显示。未反相波形与反相波形如图

3-18、图3-19所示。

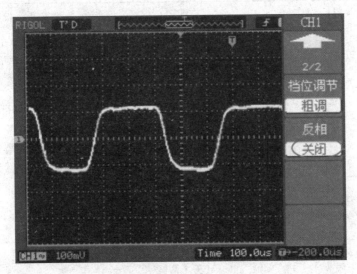

图3-18  未反相的波形

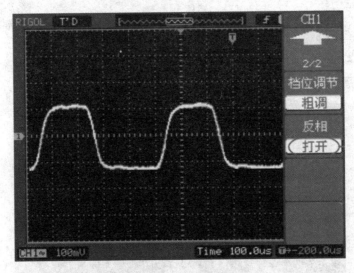

图3-19  反相的波形

3.示波器常用功能选项

（1）示波器的数学运算功能

数学运算（MATH）功能可显示CH1，CH2通道波形相加、相减、相乘以及FFT运算的结果。数学运算的结果可通过栅格或游标进行测量。

按 MATH 功能键，系统将进入数学运算界面，如图3-20所示。数学运算菜单说明见表3-4。

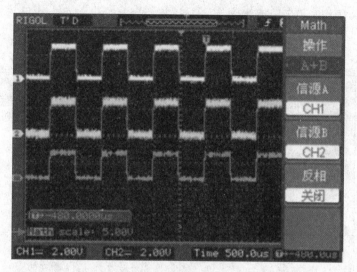

**图 3 - 20 数学运算界面**

**表 3 - 4 数学运算菜单说明**

| 功能菜单 | 设定 | 说明 |
|---|---|---|
| 操作 | A + B | 信源 A 波形与信源 B 波形相加 |
| | A - B | 信源 A 波形减去信源 B 波形 |
| | A × B | 信源 A 波形与信源 B 波形相乘 |
| | FFT | FFT 数学运算 |
| 信源 A | CH1 | 设定信源 A 为 CH1 通道波形 |
| | CH2 | 设定信源 A 为 CH2 通道波形 |
| 信源 B | CH1 | 设定信源 B 为 CH1 通道波形 |
| | CH2 | 设定信源 B 为 CH2 通道波形 |
| 反相 | 打开 | 打开波形反相功能 |
| | 关闭 | 关闭波形反相功能 |

①FFT 频谱分析

a. FFT 分辨率:定义为采样率与运算点的商。在运算点数固定时,采样率越低 FFT 分辨率就越好。使用 FFT(快速傅里叶变换)数学运算可将 Y - T 方式下的时域信号转换成频域信号,其中,水平轴代表频率,垂直轴代表 dBVrms 或 Vrms。使用 FFT 函数可以发现串扰问题和由于放大器非线性造成的模拟波形失真问题,也可用于调节模拟滤波器。

该运算可观察的信号类型有如下几种:

(a)测量系统中谐波含量和失真;

(b)表现直流电源中的噪声特性;

(c)分析振动。

按 MATH →操作→FFT,进入操作菜单(表 3 - 5)。

表 3 - 5　FFT 操作菜单说明

| 功能菜单 | 设定 | 说明 |
|---|---|---|
| 操作 | A + B | 信源 A 波形与信源 B 波形相加 |
| | A - B | 信源 A 波形减去信源 B 波形 |
| | A × B | 信源 A 波形与信源 B 波形相乘 |
| | FFT | FFT 数学运算 |
| 信源选择 | CH1 | 设定 CH1 为运算波形 |
| | CH2 | 设定 CH2 为运算波形 |
| 窗函数 | Rectangle | 设定 Rectangle 窗函数 |
| | Hanning | 设定 Hanning 窗函数 |
| | Hamming | 设定 Hamming 窗函数 |
| | Blackman | 设定 Blackman 窗函数 |
| 显示 | 分屏 | 半屏显示 FFT 波形 |
| | 全屏 | 全屏显示 FFT 波形 |
| 垂直刻度 | Vrms | 设定以 Vrms 为垂直刻度单位 |
| | dBVrms | 设定以 dBVrms 为垂直刻度单位 |

b. FFT 操作技巧:具有直流成分或偏差的信号会导致 FFT 波形成分的错误或偏差。为减少直流成分可以选择交流耦合方式。为减少重复或单次脉冲事件的随机噪声以及混叠频率成分,可设置示波器的获取模式为平均获取方式。如果在一个大的动态范围内显示 FFT 波形,建议使用 dBVrms 垂直刻度。dB 刻度应用对数方式显示垂直幅度大小。

②选择 FFT 窗口

在假设 Y - T 波形是不断重复的条件下,示波器对有限长度的时间记录并进行 FFT 变换。这样当周期为整数时,Y - T 波形在开始和结束处波形的幅值相同,波形就不会产生中断。但是,如果 Y - T 波形的周期为非整数时,就会引起波形开始和结束处的波形幅值不同,从而使连接处产生高频瞬态中断。在频域中,这种效应称为泄漏。因此为避免泄漏的产生,需要在原波形上乘以一个窗函数,强制开始和结束处的值为 0。FFT 窗函数说明见表 3 - 6。

表 3 - 6　FFT 窗函数说明

| FFT 窗 | 特点 | 最合适的测量内容 |
|---|---|---|
| Rectangle | 具有最好的频率分辨率,最差的幅度分辨率。与不加窗的状况基本类似 | 暂态或短脉冲,信号电平在此前后大致相等;频率非常相近的等幅正弦波;变化比较缓慢波谱的宽带随机噪声 |

表 3-6(续)

| FFT 窗 | 特点 | 最合适的测量内容 |
|---|---|---|
| Hanning | 与矩形窗比,具有较好的频率分辨率,较差的幅度分辨率 | 正弦<br>周期<br>窄带随机噪声 |
| Hamming | Hamming 窗的频率分辨率稍好于 Hanning 窗 | 暂态或短脉冲,信号电平在此前后相差很大 |
| Blackman | 最好的幅度分辨率,最差的频率分辨率 | 主要用于单频信号,寻找更高次谐波 |

(2)示波器的 REF 功能

在实际测试过程中,用 DS1000E,DS1000D 系列数字示波器测量观察有关组件的波形,可以把波形和参考波形样板进行比较,从而判断故障原因。此法在具有详尽电路工作点参考波形条件下尤为适用。按 REF 功能键,系统将显示 REF 功能的操作菜单,说明见表 3-7、表 3-8。

表 3-7  选择内部存储位置

| 功能菜单 | 设定 | 说明 |
|---|---|---|
| 信源选择 | CH1<br>CH2<br>MATH/FFT<br>LA | 设定 CH1 为参考通道<br>设定 CH2 为参考通道<br>选择 MATH/FFT 作为参考通道<br>选择 LA 作为参考通道(仅 DS1000D 系列) |
| 存储位置 | 内部<br>外部 | 选择内部存储位置<br>选择外部存储位置 |
| 保存 | — | 将 REF 波形保存到内部存储区 |
| 导入/导出 | — | 进入导入/导出菜单 |
| 复位 | — | 复位 REF 波形 |

表 3-8  选择外部存储位置

| 功能菜单 | 设定 | 说明 |
|---|---|---|
| 信源选择 | CH1<br>CH2<br>MATH/FFT<br>LA | 设定 CH1 为参考通道<br>设定 CH2 为参考通道<br>选择 MATH/FFT 作为参考通道<br>选择 LA 作为参考通道(仅 DS1000D 系列) |

表3-8(续)

| 功能菜单 | 设定 | 说明 |
|---|---|---|
| 存储位置 | 内部 | 选择内部存储位置 |
| | 外部 | 选择外部存储位置 |
| 保存 | — | 将 REF 波形保存到内部存储区 |
| 导入/导出 | — | 进入导入/导出菜单 |
| 复位 | — | 复位 REF 波形 |

①导入/导出操作

按 REF →导入/导出,进入导入/导出菜单(表3-9、图3-21)。

表3-9 导入/导出菜单说明

| 功能菜单 | 设定 | 说明 |
|---|---|---|
| 浏览器 | 路径 目录 文件 | 切换文件系统显示的路径、目录和文件 |
| 导出 | — | 将用户保存到内部存储区的 REF 文件导出到外部存储器 |
| 导入 | — | 将用户选定的 REF 文件导入到内部存储区 |
| 删除文件 | — | 删除用户选定文件 |

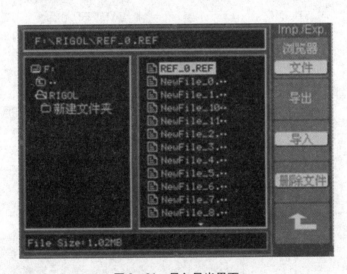

图3-21 导入导出界面

②导出操作

按 REF →导入/导出→导出,进入导出菜单(表3-10、图3-22)。

表 3 – 10　导出菜单说明

| 功能菜单 | 设定 | 说明 |
|---|---|---|
| ↑ | — | 文件名称的输入焦点向上移动 |
| ↓ | — | 文件名称的输入焦点向下移动 |
| ✗ | — | 删除文件名称字符串或拼音字符串中高亮显示的字符 |
| 保存 | — | 执行导出文件操作 |

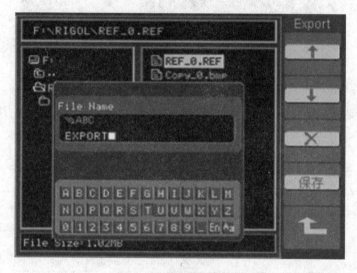

图 3 – 22　导出操作界面

③保存

按 REF →保存,进入保存菜单(表 3 – 11、图 3 – 23)。

表 3 – 11　保存菜单说明

| 功能菜单 | 设定 | 说明 |
|---|---|---|
| 浏览器 | 路径<br>目录<br>文件 | 切换文件系统显示的路径、目录和文件 |
| 新建文件<br>(目录) | — | 文件系统焦点在路径和文件时,该键用来新建文件,<br>否则为新建目录操作 |
| 删除文件 | — | 删除用户选定文件 |

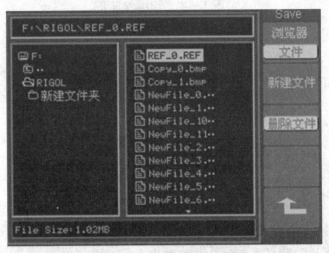

图 3 – 23　保存操作界面

④新建文件(或新建目录)操作

按 $\boxed{\text{REF}}$ →保存→新建文件(新建目录),进入新建文件菜单(表 3 – 12、图 3 – 24)。

表 3 – 12　新建文件菜单说明

| 功能菜单 | 设定 | 说明 |
|---|---|---|
| ↑ | — | 文件名称的输入焦点向上移动 |
| ↓ | — | 文件名称的输入焦点向下移动 |
| ✗ | — | 删除文件名称字符串或拼音字符串中高亮显示的字符 |
| 保存 | — | 执行导出文件操作 |

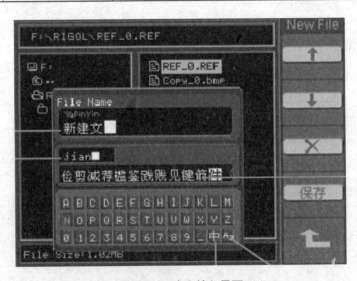

图 3 – 24　中文输入界面

⑤导入文件操作

按 REF →导入,进入导入菜单(表 3 – 13、图 3 – 25)。

表 3 – 13　导入菜单说明

| 功能菜单 | 设定 | 说明 |
|---|---|---|
| 浏览器 | 路径<br>目录<br>文件 | 切换文件系统显示的路径、目录和文件 |
| 导入 | — | 将用户选定的 REF 文件导入到内部存储区 |

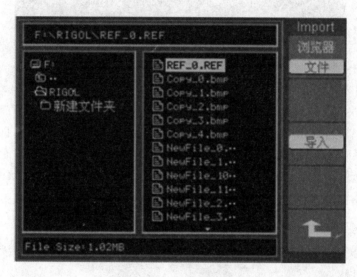

图 3 – 25　导入操作界面

⑥参考波形显示

参考波形效果图如图 3 – 26 所示。

操作说明:

a. 按下 REF 菜单按钮,显示参考波形菜单。

b. 按 1 号菜单操作键选择参考波形的 CH1,CH2,MATH,FFT 或 LA(仅 DS1000D 系列)通道。

c. 旋转垂直 POSITION 和垂直 SCALE 旋钮调整参考波形的垂直位置与挡位至适合的位置。

d. 按 2 号菜单操作键选择波形参考的存储位置。

e. 按 3 号菜单操作键保存当前屏幕波形到内部或外部存储区作为波形参考。

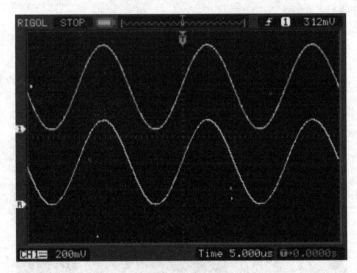

**图 3-26  参考波形效果图**

(3)选择和关闭通道

DS1000E、DS1000D 系列的 CH1、CH2 以及 LA(仅 DS1000D 系列)为信号输入通道。此外,对于数学运算(MATH)和(REF)的显示与操作也是按通道等同处理。即在处理 MATH 和 REF 时,也可以理解为是在处理相对独立的通道。

欲打开或选择某一通道时,只需按下相应的通道按键,按键灯亮说明该通道已被激活。若希望关闭某个通道,再次按下相应的通道按键或按下 OFF 即可,按键灯灭即说明该通道已被关闭。

各通道的显示状态会在屏幕的左下角标记出来,可快速判断出各通道的当前状态,说明见表 3-14。

**表 3-14  通道打开和关闭的状态标志**

| 通道类型 | 通道状态 | 状态标志 |
|---|---|---|
| 通道 1(CH1) | 打开<br>当前选中<br>关闭 | CH1(黑底黄字)<br>CH1(黄底黑字)<br>无状态标志 |
| 通道 2(CH2) | 打开<br>当前选中<br>关闭 | CH2(黑底蓝字)<br>CH2(蓝底黑字)<br>无状态标志 |
| 数学运算(MATH) | 打开<br>当前选中<br>关闭 | MATH(黑底紫字)<br>MATH(紫底黑字)<br>无状态标志 |

（4）垂直位移和垂直挡位旋钮的应用

①垂直 POSITION 旋钮可调整所有通道（包括数学运算，REF 和 LA）波形的垂直位置（DS1000E 和 DS1000D 系列均适用）。按下该旋钮，可使选中通道的位移立即回归零（DS1000E 和 DS1000D 系列均适用，但不包括数字通道）。

②垂直 SCALE 旋钮调整所有通道（包括数学运算和 REF，不包括 LA）波形的垂直分辨率。粗调是以 1 - 2 - 5 方式确定垂直挡位灵敏度的。顺时针增大，逆时针减小垂直灵敏度。微调是在当前挡位范围内进一步调节波形显示幅度。顺时针增大，逆时针减小显示幅度。粗调、微调可通过按垂直 SCALE 旋钮切换。

③需要调整的通道（包括数学运算，LA 和 REF）只有处于选中的状态，垂直 POSITION 和垂直 SCALE 旋钮才能调节该通道。REF（参考波形）的垂直挡位调整对应其存储位置的波形设置。

④调整通道波形的垂直位置时，屏幕左下角将会显示垂直位置信息。例如，$\boxed{\text{POS:32.4 mV}}$，显示的文字颜色与通道波形的颜色相同，以"V"（伏特）为单位。

### 3.4.3 水平系统

#### 1.初步了解水平系统

如图 3 - 27 所示，在水平控制区（HORIZONTAL）有一个按键、两个旋钮。

（1）使用水平 SCALE 旋钮改变水平挡位设置，并观察因此导致的状态信息变化

转动水平 SCALE 旋钮改变"s/div"（秒/格）水平挡位，可以发现状态栏对应通道的挡位显示发生了相应的变化。水平扫描速度从 2 ns 至 50 s，以 1 - 2 - 5 的形式步进。

水平 SCALE 旋钮不但可以通过转动调整"s/div"（秒/格），更可以按下此按钮切换到延迟扫描状态。

（2）使用水平 POSITION 旋钮调整信号在波形窗口的水平位置

当转动水平 POSITION 旋钮调节触发位移时，可以观察到波形随旋钮而水平移动。触发点位移恢复到水平零点快捷键：水平 POSITION 旋钮不但可以通过转动调整信号在波形窗口的水平位置，更可以按下该键使触发位移（或延迟扫描位移）恢复到水平零点处。

（3）按 MENU 按键显示 TIME 菜单

在此菜单下，可以开启/关闭延迟扫描或切换 Y - T、X - Y 和 ROLL 模式，还可以将水平触发位移复位。触发位移是指实际触发点相对于存储器中点的位置。

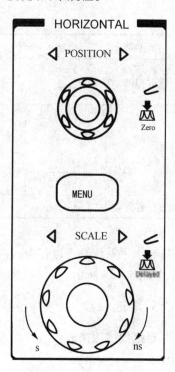

图 3 - 27 水平控制区

**2. 设置水平系统**

水平系统设置可改变仪器的水平刻度、主时基或延迟扫描(Delayed)时基;调整触发在内存中的水平位置及通道波形(包括数学运算)的水平位置;也可显示仪器的采样率。

这里先介绍几种不同的显示方式。

(1)Y – T 方式

此方式下 Y 轴表示电压量,X 轴表示时间量。

(2)X – Y 方式

此方式下 X 轴表示通道 1 电压量,Y 轴表示通道 2 电压量。

(3)滚动方式

当仪器进入滚动模式,波形自右向左滚动刷新显示。在滚动模式中,波形水平位移和触发控制不起作用。一旦设置滚动模式,时基控制设定必须在 500 ms/div 或更慢时基下工作。

慢扫描模式:当水平时基控制设定在 50 ms/div 或更慢,仪器进入慢扫描采样方式。在此方式下,示波器先采集触发点左侧的数据,然后等待触发,在触发发生后继续完成触发点右侧波形。应用慢扫描模式观察低频信号时,建议将通道耦合设置为直流耦合。

按水平系统的 MENU 功能键,系统将显示水平系统的操作菜单,说明见表 3 – 15。

表 3 – 15   水平系统设置菜单

| 功能菜单 | 设定 | 说明 |
|---|---|---|
| 延迟扫描 | 打开<br>关闭 | 进入 Delayed 波形延迟扫描<br>关闭延迟扫描 |
| 时基 | Y – T<br>X – Y<br>Roll | Y – T 方式显示垂直电压与水平时间的相对关系<br>X – Y 方式在水平轴上显示通道 1 幅值,在垂直轴上显示通道 2 幅值<br>Roll 方式下示波器从屏幕右侧到左侧滚动更新波形采样点 |
| 采样率 | — | 显示系统采样率 |
| 触发位移复位 | — | 调整触发位置至中心零点 |

在水平系统设置过程中,各参数的当前状态在屏幕中会被标记出来,方便用户观察和判断,如图 3 – 28 所示。

**3. 延迟扫描**

延迟扫描用来放大一段波形,以便查看图像细节。延迟扫描时基设定不能慢于主时基的设定。

按水平系统的 MENU →延迟扫描,如图 3 – 29 所示。

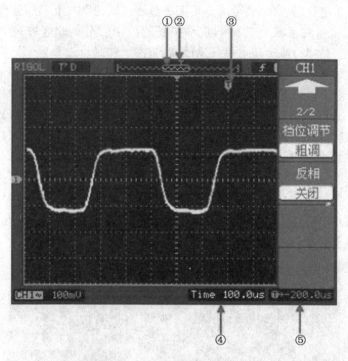

**图 3 - 28  水平设置说明图标志说明**

①表示当前的波形视窗在内存中的位置;②表示触发点在内存中的位置;③表示触发点在当前波形视窗中的位置;④水平时基(主时基)显示,即"秒/格"(s/div);⑤触发位置相对于视窗中点的水平距离

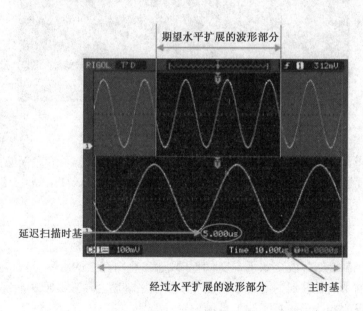

**图 3 - 29  延迟扫描示意图**

延迟扫描操作进行时,屏幕将分为上下两个显示区域,其中,上半部分显示的是原波形。未被半透明蓝色覆盖的区域是期望被水平扩展的波形部分。此区域可以通过转动水平POSITION 旋钮左右移动,或转动水平 SCALE 旋钮扩大和减小选择区域。下半部分是选定的原波形区域经过水平扩展后的波形。值得注意的是,延迟时基相对于主时基提高了分辨率(图3 –29)。由于整个下半部分显示的波形对应于上半部分选定的区域,因此转动水平SCALE 旋钮减小选择区域可以提高延迟时基,即可提高波形的水平扩展倍数。

另外,进入延迟扫描不但可以通过水平区域的 MENU 菜单操作,也可以直接按下此区域的水平 SCALE 旋钮作为延迟扫描快捷键,切换到延迟扫描状态。

### 4. X – Y 方式

此方式只适用于通道 1 和通道 2 同时被选择的情况下。选择 X – Y 显示方式以后,水平轴上显示通道 1 电压,垂直轴上显示通道 2 电压。

按水平系统的 MENU →时基→X – Y,如图 3 – 30 所示。

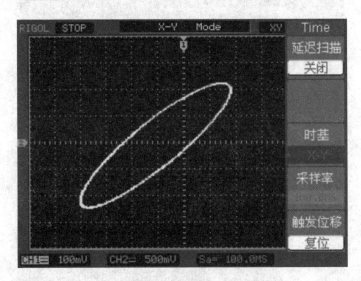

图 3 – 30　X – Y 显示方式

示波器在正常 Y – T 方式下可应用任意采样速率捕获波形。在 X – Y 方式下同样可以调整采样率和通道的垂直挡位。X – Y 方式缺省的采样率是 100 MSa/s。一般情况下,将采样率适当降低,可以得到较好显示效果的李沙育图形。

### 5. 水平控制旋钮的应用

使用水平控制旋钮可改变水平刻度(时基)、触发在内存中的水平位置(触发位移)。屏幕水平方向上的中点是波形的时间参考点。改变水平刻度会导致波形相对屏幕中心扩张或收缩。水平位置改变波形相对于触发点的位置。

（1）水平 POSITION

调整通道波形（包括数学运算）的水平位置。按下此旋钮使触发位置立即回到屏幕中心。

（2）水平 SCALE

调整主时基或延迟扫描（Delayed）时基，即秒/格（s/div）。当延迟扫描被打开时，将通过改变水平 SCALE 旋钮改变延迟扫描时基而改变窗口宽度。

### 3.4.4 触发系统

**1. 初步了解触发系统**

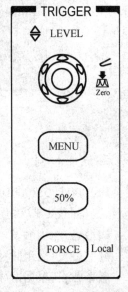

图 3 – 31 触发控制区

如图 3 – 31 所示，在触发控制区（TRIGGER）有一个旋钮、三个按键。

（1）使用 LEVEL 旋钮改变触发电平设置。转动 LEVEL 旋钮，可以发现屏幕上出现一条橘红色的触发线以及触发标志，随旋钮转动而上下移动。停止转动旋钮，此触发线和触发标志会在约 5 秒后消失。在移动触发线的同时，可以观察到在屏幕上触发电平的数值发生了变化。旋动垂直 LEVEL 旋钮不但可以改变触发电平值，更可以通过按下该旋钮作为设置触发电平恢复到零点的快捷键。

（2）使用 MENU 调出触发操作菜单，改变触发的设置，观察由此造成的状态变化。按 50% 按键，设定触发电平在触发信号幅值的垂直中点。按 FORCE 按键，强制产生一个触发信号，主要应用于触发方式中的"普通"和"单次"模式。

**2. 设置触发系统**

触发决定了示波器何时开始采集数据和显示波形。一旦触发被正确设定，它可以将不稳定的显示转换成有意义的波形。

示波器在开始采集数据时，先收集足够的数据用来在触发点的左方画出波形，在等待触发条件发生的同时连续地采集数据，当检测到触发后，示波器连续地采集足够的数据以在触发点的右方画出波形。

DS1000E、DS1000D 系列数字示波器操作面板的触发控制区包含如下四个按键。

（1）LEVEL：触发电平设定触发点对应的信号电压，按下此旋钮使触发电平立即回零；

（2）50%：将触发电平设定在触发信号幅值的垂直中点；

（3）FORCE：强制产生一个触发信号，主要应用于触发方式中的"普通"和"单次"模式；

（4）MENU：触发设置菜单按键。

按触发系统的 MENU 功能键，系统将进入触发系统设置界面，如图 3 – 32 所示。

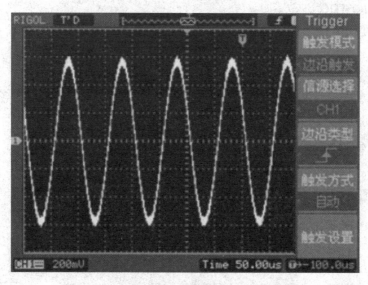

图 3 - 32　触发系统设置界面

## 3. 触发控制

DS1000E、DS1000D 系列数字示波器具有丰富的触发功能,包括边沿、脉宽、斜率、视频、交替、码型(仅 DS1000D 系列)和持续时间触发(仅 DS1000D 系列)。

边沿触发:当触发输入沿给定方向通过某一给定电平时,边沿触发发生。

脉宽触发:设定脉宽条件捕捉特定脉冲。

斜率触发:根据信号的上升或下降速率进行触发。

视频触发:对标准视频信号进行场或行视频触发。

交替触发:稳定触发双通道不同步信号。

码型触发:通过查找指定码型识别触发条件。

持续时间触发:在既满足码型条件,又满足持续时间限制的情况下进行触发。

我们以边沿触发和脉宽触发为例来讲述如何对触发系统进行设置。

(1)边沿触发方式

通过在波形上查找指定斜率和电压电平来识别触发,并在输入信号边沿的触发阈值上进行触发。选取"边沿触发"时,可在输入信号的上升沿、下降沿或上升和下降沿处进行触发。

按触发系统的 [MENU] 功能键→触发模式→边沿触发,进入表 3 - 16 所示菜单。

(2)脉宽触发方式

将仪器设置为对指定宽度的正脉冲或负脉冲触发。您可以通过设定脉宽条件捕捉异常脉冲。

按触发系统的 [MENU] 功能键→触发模式→脉宽触发,进入表 3 - 17 所示菜单。

表 3 - 16 边沿触发菜单

| 功能菜单 | 设定 | 说明 |
|---|---|---|
| 信源选择 | CH1 | 设置通道 1 作为信源触发信号 |
| | CH2 | 设置通道 2 作为信源触发信号 |
| | EXT | 设置外触发输入通道作为信源触发信号 |
| | AC Line | 设置市电触发 |
| | D15 - D0 | 设置数字通道 D15 - D0 中任一通道作为信源触发信号(仅 DS1000D 系列) |
| 边沿类型 | 上升沿 | 设置在信号上升边沿触发 |
| | 下降沿 | 设置在信号下降边沿触发 |
| | 上升 & 下降沿 | 设置在信号上升沿和下降沿触发 |
| 触发方式 | 自动 | 在没有检测到触发条件下也能采集波形 |
| | 普通 | 设置只有满足触发条件时才采集波形 |
| | 单次 | 设置当检测到一次触发时采样一个波形,然后停止 |
| 触发设置 | — | 进入触发设置菜单 |

表 3 - 17 脉宽触发菜单

| 功能菜单 | 设定 | 说明 |
|---|---|---|
| 信源选择 | CH1 | 设置通道 1 作为信源触发信号 |
| | CH2 | 设置通道 2 作为信源触发信号 |
| | EXT | 设置外触发输入通道作为信源触发信号 |
| | D15 - D0 | 设置数字通道 D15 - D0 中任一通道作为信源触发信号 |
| 脉冲条件 | — | 设置脉宽触发条件 |
| 脉宽设置 | — | 设置脉冲宽度 |
| 触发方式 | 自动 | 在没有检测到触发条件下也能采集波形 |
| | 普通 | 设置只有满足触发条件时才采集波形 |
| | 单次 | 设置当检测到一次触发时采样一个波形,然后停止 |
| 触发设置 | — | 进入触发设置菜单 |

# 第4章

# 扫频测量仪

## 4.1 概　述

扫频仪又称频率特性测量仪,它是一种用来对电路网络的幅频特性和相频特性进行动态测试,并能在荧光屏上直接显示电路频率特性曲线的频域测量仪器。例如,测量滤波器、放大器、高频调谐器、双工器、天线等的频率特性,并常用来对这些电子设备或网络进行调试。因此,扫频仪是实验室中常用的电子测量仪器之一。

对于一个含有惰性元器件的网络,在正弦稳态的情况下,其输出的正弦波而言有两个方面的改变:一个是输出正弦波与输入正弦波的幅度与频率有关,这种关系称为网络的幅频特性;另一个是输出正弦波与输入正弦波的相位差与频率有关,这种关系成为网络的相频特性。网络的幅频特性和相频特性的结合成为网络的频率特性。扫频仪就是用来测量网络的频率特性的。

由于扫频仪是一种网络测量仪器,而不像示波器那样是一种信号测量仪器,所以扫频仪首先产生出测量信号,即扫频信号。这种扫频信号是一种幅度恒定、频率随着时间线性变化的信号。同时,扫频信号的瞬时频率与扫频仪中的示波管的电子束的水平方向的扫描相对应,这使得扫频仪中示波管显示屏的水平方向可以表示频率。扫频信号作用到被测网络的输入端,而被测网络输出端的信号幅度与频率有关,这种关系有被测网络的幅频特性决定。扫频仪用检波器将被测网络输出端的信号幅度检测出来,并使之与示波管的垂直偏转相对应,则显然示波管显示屏可将被测网络输出端的信号幅度与频率的关系"描绘"出来。由于被测网络输入端的信号幅度是恒定的,故显示屏上所"描绘"的曲线就反映了被测网络的幅频特性。

被测电路的频率特性曲线(幅特性曲线)的测量方法主要包括点频测量法和扫频测量法。

点频测量法即静态测量法,它的测量准确度比较高,能反映出被测网络的静态特性,测量时不需要特殊仪器,是工程技术人员在没有频率特性测试仪的情况下,进行科学研究和实验的基本方法之一。点频测量法通过逐点测量一系列规定频率点上的网络增益(或衰减)来确定幅频特性曲线的方法,其原理如图 4-1 所示。正弦波信号发生器作为网络输入的信号源,提供频率和电压幅度均可调整的正弦信号;电子电压表 I 作为网络输入端的电压幅度指示器;电子电压表Ⅱ作为网络输出端的电压幅度指示器。测量方法是:在被测网络整个工作频道内,改变输入信号的频率,注意在改变输入信号频率的同时,保持输入电压的幅度恒定(用电子电压表Ⅰ来监视),在被测网络输出端用电子电压表Ⅱ测出各频率点相应的输出电压,做好记录。然后在直角坐标中,以横轴表示频率的变化,以纵轴表示输出电压幅度的变化,连接各个点,就描绘出网络的幅频特性曲线。这种方法的缺点是操作烦琐、工作量大、容易漏测某些细节,又不能反映出被测网络的动态特性。

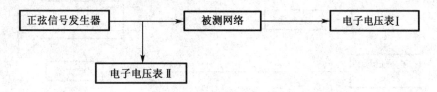

**图 4 - 1　点频测量法测量幅频特性的原理框图**

　　扫频测量法即动态测量法,其原理框图如图 4 - 2 所示。扫频信号源一方面为示波器提供扫频信号 $u_1$;另一方面又控制扫频信号源的振荡频率,使其产生从低频到高频的周期性重复变化的等幅正弦信号 $u_2$(扫频信号),$u_2$ 加到被测电路的输入端,在被测电路的输出端则得到输出信号 $u_3$,其幅度包络的变化规律与被测电路的幅频特性相对应。输出信号 $u_3$ 经峰值(包络)检波后得到信号 $u_4$,$u_4$ 加到示波器的垂直偏转板(Y 轴),最终显示出幅频特性曲线来。由于扫频信号是连续变化的,所以扫频测量法不存在测试频率的断点,而且这种方法操作方便直观。

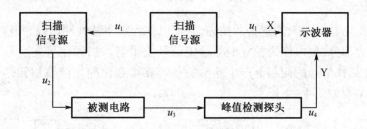

**图 4 - 2　用扫频测量法测量电路幅频特性的原理框图**

# 4.2　扫频仪的工作原理

## 4.2.1　扫频仪的组成

　　扫频仪是根据扫频测量技术而设计的幅频特性测量仪器,其组成框图如图 4 - 3 所示,主要包括信号发生器、放大显示电路和频标电路这三大部分。信号发生器又包括控制示波管水平扫描的扫描信号发生器和产生扫频信号的扫频信号发生器。放大显示电路是由 X 放大器、Y 放大器和示波管组成。频标电路产生具有频率标志的图形,以便能在屏幕上直接读出某一点的频率值。检波探头是扫频仪的外部器件,实际上是一个内部带有检波二极管的信号探头,用于直接探测被测电路的输出电压。

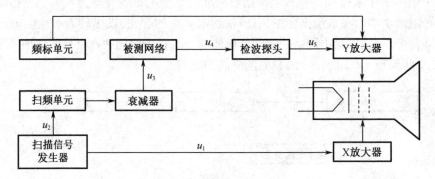

图 4 – 3　扫频仪组成框图

扫频仪与外部各有一个输入、输出端口。扫频仪输出幅度不变、频率周期性连续变化的扫频信号 $u_3$,其频率变化受示波管水平扫描信号 $u_1$ 的幅度调制,其频率变化规律与水平扫描信号的幅度变化同步。扫频信号作为检测信号加至被测电路的输入端,而输出信号 $u_4$ 的包络受电路特性的影响,体现出该电路的幅频特性。经检波探头取出包络信号 $u_5$ 加至扫频仪的 Y 输入端,即是内部示波管的竖直 Y 轴扫描输入端。则在示波管的屏幕上即可得到水平 X 轴坐标为等效频率,竖直 Y 轴坐标为幅度的被测电路的幅频特性曲线。

### 4.2.2　产生扫频信号的方法

扫频信号发生器是扫频测量法的核心,它可以作为频率特性测试仪、频谱分析仪等频域测量仪器的组成部分,也可作为独立的测量用信号发生器。扫频信号发生器实际上是一种调频振荡器,在扫描信号的调制下产生频率按一定规律变化的正弦波扫频信号。扫频信号发生器的组成结构如图 4 – 4 所示。

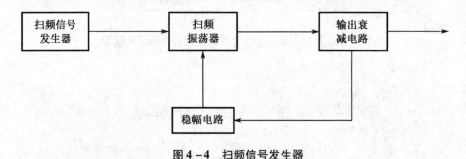

图 4 – 4　扫频信号发生器

扫频仪中的扫频振荡器一般采用变容二极管扫频振荡器或磁调电感扫频振荡器。无论采用哪种形式的振荡器,其产生的扫频信号的特性都必须符合以下要求:

(1)扫频宽度足够宽,即要有有效的扫频宽度;

(2)有良好的扫频线性;

(3)扫频范围可调;

（4）扫频信号的振幅稳定性较好,在扫频范围内保持不变;

（5）扫描信号发生器的输出信号可以不是锯齿波信号,而是正弦波信号,由于调制信号与扫描信号波形相同,不会使所显示的幅频特性曲线失真。

### 4.2.3　扫频单元工作原理

#### 1.扫频单元

扫频单元工作原理框图如图 4 - 5 所示。

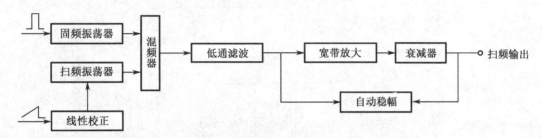

**图 4 - 5　扫频单元工作原理框图**

由图 4 - 5 可看出,扫频信号是由固频振荡和扫频振荡在混频器里经差频的方法而获得的。之所以采用差频的方法是因为差频可使中心频率获得很大的覆盖比和有可能实现全频段扫频。混频器的输出包含两个混频信号及由它们的谐波所产生的和频与差频频率分量,为了获得差频信号,必须由滤波器进行信号的提纯。因此混频器后,总是有一个低通滤波器。低通滤波器输出的扫频信号有两个特点:一是信号的幅度较小,二是扫频信号的高低端起伏较大。为了获得等幅并且具有一定功率的扫频输出,必须借助于宽带放大器进行放大,以满足要求的输出电平,然后经衰减器反馈到输出端。这里需要强调的是宽带放大器必须带有自动稳幅电路,从而实现自动电压控制（ALC）。扫频振荡器一般采用变容二极管作为压控元件,由于变容二极管的 $C - U$ 特性曲线不是特性的,因此为了获得线性的扫频振荡,必须对其加入的线性锯齿波进行校正,这就是框图中加入线性校正电路的根本原因。

#### 2.固定振荡器

固定振荡器的具体电路原理如图 4 - 6 所示。

由图 4 - 6 可见,$VT_1$ 为振荡管,$R_4$、$R_5$、$R_6$ 为其提供直流偏置,$C_1$、$C_2$ 为隔直电容,$R_1$、$R_2$、$R_3$ 为变容二极管提供直流通路。参与振荡的槽路电容除 $C_3$ 外,还有振荡管的结电容 $C_{be}$ 和 $C_{ce}$;因为振荡电路中的分布电容、分布电感及晶体管的输入电路等都已等效到振荡回路里,所以这种振荡器可以工作在频率较高的频段,而且振荡频率也比较稳定。另外,$VT_1$ 的基极直接接地,这有利于变容二极管基准 0 偏置的稳定,使扫频低端的频率稳定性有所提高。$VD_1$、$VD_2$ 为变容二极管,采用对接的方式是为了提高振荡频率的上限,并在一定程度上改善扫描线性。中心频率控制电压取自于面板上的电位器,当中心频率控制电压一经确定,固频振荡器就会产生固定频率的振荡信号,改变中心频率控制电压也就是改变变容二极管的偏压,即改变振荡频率,固频振荡器的输出通过 $L_4$ 耦合到下一级。

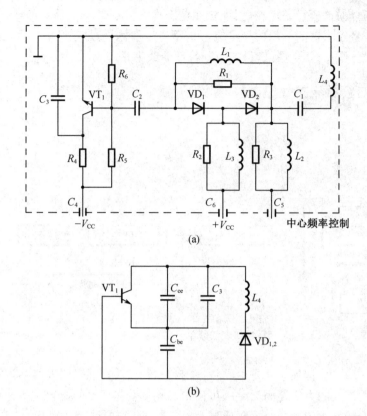

图 4 – 6 固定振荡器电路原理图

### 3. 扫频振荡器

扫频振荡器的作用使产生等幅的扫频信号。在目前的扫频仪中,扫频振荡器通常采用以下两种电路形式。

(1)变容二极管扫频振荡器

变容二极管扫频振荡器原理如图 4 – 7 所示。图中 $VT_1$ 组成电容三点式振荡电路;$VD_2$、$VD_3$ 为变容器,它们与 $L_1$、$L_2$ 及 $VT_1$ 的结电容构成振荡回路;$C_1$ 为隔直电容;$L_2$ 为高频阻流圈。调制信号经 $L_2$ 同时加至变容器 $VD_2$、$VD_3$ 的两端,当调制电压随时间作周期性变化时,$VD_2$、$VD_3$ 结电容的容量也随之变化,结果使振荡器产生扫频信号。

(2)磁调制扫频振荡器

磁调制扫频振荡器,就是调制电流所产生的磁场去控制振荡回路电感量,从而产生频率随调制电流变化的扫频信号。

一个带磁芯的电感线圈,其电感量 $L_C$ 与该磁芯的有效导磁系数 $\mu_C$ 之间的关系为

$$L_C = \mu_C L \tag{4-1}$$

其中,$L$ 是空芯线圈的变量。若能使 $\mu_C$ 随调制电压的变化而变化,那么 $L_C$ 也将随之变化。若将一个电感量 $L_C$ 随调制电压的变化的线圈接入振荡回路,便可使振荡产生扫频信号。

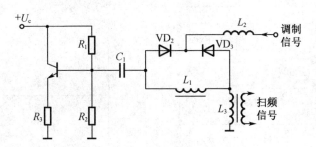

图 4 - 7　变容管扫频振荡器原理图

磁调制扫频的原理图如图 4 - 8 所示。图中 M 为普通磁性材料，m 为高导磁率、低损耗的高频铁养体磁芯，M 与 m 构成闭合磁路。$W_1$ 为励磁线圈，当其通过调制电流时，将使 M 中的磁通随之变化，磁芯 m 的有效导磁系数 $\mu_C$ 也发生变化，从而导致磁芯线圈的电感量 $L_C$ 变化。$W_2$ 为偏磁线圈，用于在 M 及 m 中建立一个直流磁通。由于直流磁通与 m 的有效导磁系数 $\mu_C$ 有关，所以调节 $R_p$ 可以改变 $L_C$ 的大小，因而可以改变扫频振荡器的中心频率 $f_0$。

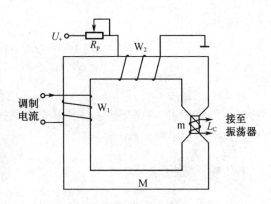

图 4 - 8　磁调制扫频原理图

磁调制扫频的特点是电路简单，并能在寄生调幅较小的条件下获得较大的扫频宽度。所以这种扫频方法获得广泛应用，国产扫频仪 BT - 3、BT - 5、BT - 8 等都采用磁调制扫频振荡器。

### 4. 混频器和低通滤波器

在高频电子电路中，通常将信号由某一频率变换成另一个频率，或者由高频信号变换低频信号，这种技术处理不但容易实现变频和选频，而且能极大地提高信号的抗干扰能力。完成上述功能的电路有多种，像混频器就是其中常用的一种。

混频器和滤波器的具体电路原理如图 4 - 9(a) 所示。

混频器由二极管 $VD_1 \sim VD_4$，电位器 $R_{P1}$、$R_{P2}$，电感 $L_1$ 和电感 $L_2$ 组成，这是一个典型的环形混频器。采用环形混频器可以有效地抑制掉一些非线性成分和互调失真。

$VD_1 \sim VD_4$ 四个二极管均处于开关状态工作，在固频振荡器电压的正半周时，二极管 $VD_1$ 与 $VD_4$ 导通，$VD_2$ 与 $VD_3$ 截止，这时固频振荡器相当于一个二极管反相型平衡混频器。在固频振荡电压的负半周时，二极管 $VD_2$ 和 $VD_3$ 导通，$VD_1$ 与 $VD_4$ 截止，此时，混频器也相当于一个二极管平衡混频器。在混频器输出电流成分中，除了和频与差频成分外，大部分的非线性成分被进一步抑制掉。

二极管双平衡混频器的特点是，组合频率少、动态范围大、噪声小、固频振荡电压无反辐射。但是，这类混频器也有一个重要缺点，变频增益小于 1。

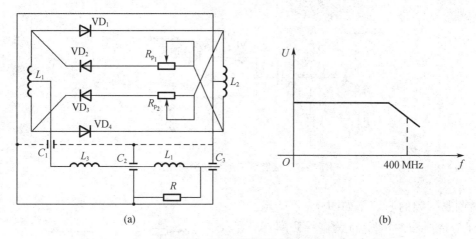

**图 4-9 混频器和滤波器电路图**

(a)混频器工作原理图;(b)幅频特性曲线

低频滤波器由 $C_1$、$C_2$、$C_3$,电感 $L_3$、$L_4$ 和电阻 $R$ 组成,仔细调整有关参数,使其符合图 4-9(b)所示幅频特性的要求。让混频信号通过,滤除无用的高次谐波,低通滤波器的输出直接加到宽带稳幅放大器上。

### 4.2.4　频标单元

频标标志信号产生电路简称频标电路,它的作用是产生具有频率标志的图形,以便能在屏幕上直接读出某一点的频率值或某一段曲线的频率范围。频标信号通常采用差频法产生,其原理框图如图 4-10 所示。

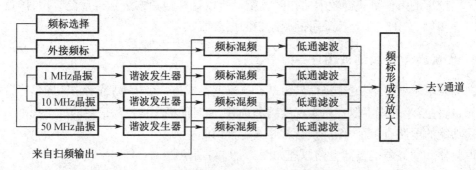

**图 4-10　频标单元工作原理框图**

标准频率振荡器产生频率稳定度和准确度较高的单一频率振荡信号,通过谐波发生器产生基波 $f_0$ 及各次谐波 $f_{01}$,$f_{02}$,…,$f_{0n}$,将基波和谐波分量送入混频器与扫频信号进行混频。由于扫频信号的频率在 $f_{min} \sim f_{max}$ 扫动,当扫频信号与基波或某次谐波的差频为零,经低通滤波器选通,即在零差频点,信号得以通过,幅度最大;零差频点越远,差频越大,低通滤波器输出的信号幅度迅速衰减,此时在产生零差频的频点处形成菱形状的图形,即是频标。

谐波发生器输出的是一连串具有整数值的标准频率信号送至混频器,而扫频信号在 $f_{min} \sim f_{max}$ 扫动时,每经过一个标准频率点,混频都可得到一个零差频,频标电路便产生菱形状频标。因此,在扫频信号的频偏范围内,频标电路可以输出一连串的频标,将这些频标信号直接送到示波管 Y 轴输入端,便可在屏幕上形成一条直观的"频率标尺"。

# 4.3 数字频率特性测试仪

## 4.3.1 数字频率特性测试仪的工作原理

### 1.直接数字合成频率源

传统的模拟信号源,是直接采用振荡器来产生信号波形的。而直接数字合成(DDS)是以高精度频率源为基础,用数字合成的方法产生一连串带有波形信息的数据流,再经过数模转换器产生出一个预先设定的模拟信号。

如合成一个正弦波信号,首先要将 $y = \sin x$ 进行数字量化,然后以 $x$ 为地址,以 $y$ 为量化数据,依次存入波形存储器。在每一个采样时钟周期中,都把一个相位增量累加到相位累加器的当前结果上。通过改变相位增量,即可以改变 DDS 的输出频率值。根据相位累加器输出的地址,由波形存储器去除波形量化数据,经过数模转换器和运算放大器转换成模拟电压。再经过低通滤波器滤除高次谐波,即获得连续的正弦波输出。

### 2.SA1030 的工作原理

SA1030 数字频率特性测试仪的原理框图如图 4-11 所示。

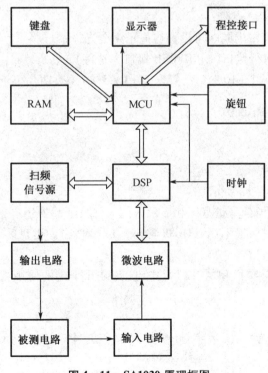

**图 4-11 SA1030 原理框图**

微处理器（MCU）通过接口电路和键盘接受各种控制命令,控制显示电路显示特性曲线和测量数据。以数字信号处理器（DSP）为核心组成测试电路,它接收 MCU 的控制命令,控制 DDS 产生等幅扫频信号的幅度、输入信号的幅度以及特性参数的产生。DDS 输出的等幅扫频信号经过输出电路加至被测电路的输入端,作为被测电路的信号源。被测信号的输出信号经过输入电路,处理后送到检波电路,取出该输出信号在不同频率下的幅度数据经过DSP 处理后送至 MCU,控制显示电路显示出被测电路的幅频特性和相频特性曲线以及各种测量数据。

SA1030 型数字频率特性测试仪采用直接数字合成的新技术产生扫频电压信号,其原理与传统的振荡器产生波形信号完全不同。它是以高精度频率源作为基准,用数字合成的方法产生带有波形信息的数据流,再经过数模转换器变换成模拟电压。

3. SA1030 数字频率特性测试仪的主要技术指标

扫频范围:20 Hz ~ 30 MHz;

扫频方式:线性、对数、点频;

输出电压:大于 0.5 V（有效值）;

输出阻抗:50 Ω;

输入阻抗:50 Ω/高阻;

输出衰减:0 ~ 80 dB,1 dB 步进;

输入增益:0 ~（ - 30）dB,10 dB 步进;

相位范围: - 180°到 + 180°;

相位分辨率:1°;

显示分辨率:250 × 200 点阵;

光标数量:在扫频范围内同时可设置与显示 4 个光标;

程控接口:RS232 串行接口（GPIB、USB 接口为选件）;

供电电源:电压 220（1 ± 10%） V,频率 50（1 ± 5%） Hz,功耗小于 60 VA。

### 4.3.2　SA1030 的使用方法

1. 面板说明

SA1030 面板如图 4 - 12 所示。

如图 4 - 12 所示面板分为键盘区和显示区两大部分。另外还有三个 BNC 插头,分别是SYNC（同步输出,测量时一般不用）、OUT（输出）、IN（输入）。键盘区又分为以下 4 个区域。

（1）功能区

共 8 个按键,其中"相频"和"扩展"是空键,其余 6 个键的使用将在下面的操作方法中说明。

（2）数字区

共 16 个按键,分别为 0 ~ 9 数字键,小数点键和负号键,以及 dB、MHz、kHz、Hz 4 个单位键。

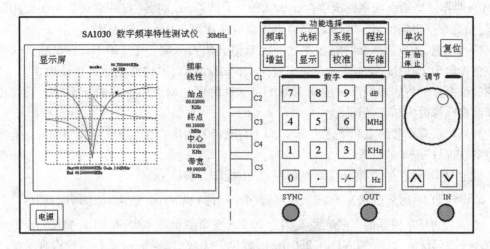

图 4 – 12　SA1030 频率特性测试仪操作面板

（3）调节区

分别有 $\wedge$ 、$\vee$ 和一个调节手轮。

（4）子菜单区

共有 5 个按键，功能在后面介绍。

### 2. 测试前的准备工作

（1）预热和准备校准

SA1030 数字频率特性测试仪在使用之前需要预热，这样才能准确测量。按下面板左下角的电源开关，接通 220 V 交流电源，测试仪就开始初始化。为了保证测量的准确性，一般应让仪器预热 10 ~ 30 min，等待机内的频率基准工作稳定后进行校准，然后才能进行精确测量。

在测试过程中，如果改变了输出频率的范围，要重新进行校准。

校准前应首先设置频率范围、输出输入增益和测试仪输入阻抗，具体操作如下。

①进入频率菜单和设置频率范围

频率菜单包括“频率线性”“频率对数”“频率点频”三种状态，在“频率线性”状态下显示屏的横坐标为线性显示方式，共显示“始点频率”“终点频率”“中心频率”和“带宽”四组数据，设置参数时由 C2 ~ C5 四个键分别选定。在“频率对数”状态下，显示屏的横坐标为对数显示方式，只有始点频率和终点频率，设置参数时由 C2 和 C3 键分别选定。在“频率点频”状态下，测试仪的输出是单一正弦波，频率为设定值，故只显示一个“频率”值，由 C2 键选定后设置参数。

“频率对数”和“频率点频”菜单的进入和设定方法与“频率线性”相同。这里仅介绍“频率线性”菜单的进入和设定方法。按一下面板上功能选择栏内的 频率 键即可进入频率菜单。接着按 C1 键使显示屏显示“频率线性”菜单（“频率”二字的下方呈现“线性”二字，并呈现反白）即可。

SA1030 数字频率特性测试仪的工作频率范围为 0.02 kHz ~ 0.1 MHz 和 0.1 MHz ~

30 MHz 两挡。当始点频率设定值在 0.02 kHz ~ 4.999 kHz 时,终点频率只能在 0.1 MHz 内设置,始点频率设定值 ≥500 kHz 时,终点频率可在 0.525 MHz ~ 30 MHz 设定。

应当注意,始点频率和终点频率之间的差值必须大于或等于 250 Hz,否则测试仪自动将差值设定为 250 Hz,例如将始点频率设为 0.5 kHz 之后,如将终点频率再设为 0.51 kHz,则测试仪会自动将始点频率改成 0.26 kHz。如这时再把始点频率改成 0.5 kHz,则终点频率又会自动修改为 0.75 kHz。

如果始点频率和终点频率之差低于 20 Hz,或(30 MHz − 始点频率) ≤250 Hz,则操作无效,测试仪保持原来的设置值。

设定频率范围(始点频率与终点频率)具体操作方法如下。

a. 设定始点频率:依次按 C2 键、数字键(含 $\cdot$ 键)和 MHz (或 kHz 、 Hz 键)即可。

要注意的是本仪器的下限测量频率为 20 Hz,上限测量频率为 30 MHz,如果始点频率设定值小于 20 Hz 或大于(30 MHz ~ 250 Hz),则设定无效,仪器保持原有的始点频率值。另外,在进行校准时,始点频率设定值如果小于 500 Hz,则 500 Hz 以下频率段的校准结果是不可靠的(大于 500 Hz 的频率段仍然是可靠的)。测量时 500 Hz 以下频率段的曲线只能作为定性分析之用。

b. 设定终点频率:依次按 C3 键、数字键(含 $\cdot$ 键)和 MHz (或 kHz 、 Hz 键)即可。同样要注意终点频率设定值必须大于(20 + 250) Hz 或小于 30 MHz,否则设定无效。始点频率和终点频率设定之后,中心频率和带宽显示值就会自动设定。

②进入系统设置菜单与设定测试仪的输入阻抗

按功能选择栏中的 系统 键即可进入系统设置菜单。该菜单包括"声音""输入阻抗""扫描时间"三个选项,由 C2 ~ C4 键分别控制。

本测试仪的输出阻抗为 50 Ω,输入阻抗有"50 Ω"和"高阻"两种状态("高阻"状态下的输入阻抗为 500 kΩ),可以满足输入输出阻抗为 50 Ω 的电路测试和输入阻抗为 50 Ω、输出阻抗不为 50 Ω 的电路测试。

当被测电路的输入阻抗大于 50 Ω 又不属于高阻时(例如 RC,RL 和 RLC 等无源四端网络),测试时应考虑测试仪输出电阻的影响。当被测电路的输入阻抗远远大于 50 Ω 时(例如运算放大器)可忽略测试仪输出阻抗的影响。

被测电路要求输出端为 50 Ω 匹配负载时,测试仪的输入阻抗应设为 50 Ω。如果被测电路的输出端不是 50 Ω 匹配负载,或要分析被测电路的开路输出特性时,测试仪的输入阻抗应设为高阻。

"输入阻抗"的下边列出了"50 Ω"和"高阻"两个可选项,这种格式在测试仪的功能选择菜单中很多,凡是这种格式,反复按相应的项目选择键,使需要选定的项目呈现反白,就是该项目被选中了。例如,选择测试仪的输入阻抗时按 C3 键使"50 Ω"或"高阻"呈现反白即可。

在以下的使用中,除特别说明要把测试仪"输入阻抗"设置为 50 Ω 外,均应设置为"高阻"。

"系统"菜单中还有"声音"和"扫描时间"两个选项,介绍如下:

"声音"设置由 C2 键控制。选择"开"时,每次操作按键,测试仪内部的蜂鸣器就发一次短声,选择"关"时蜂鸣器不发声。"扫描时间"由 C4 键控制,设置扫描时间只能用 $\boxed{\wedge}$ 或 $\boxed{\vee}$ 键和调节手轮操作,调节步距为 1 倍。

扫描时间的倍数越大,测试仪扫描一次所用的时间就越长,速度就越慢。开机时的默认值为 2 倍,当扫描始点频率和终点频率设置得较低时,应适当增加扫描时间的倍数值,这样可大大提高曲线的稳定性和准确性。

(2)校准和设置增益菜单

①校准部分以上准备工作完成后,将输出 BNC 插座与输入 BNC 插座用双插头电缆短接(或用两根 BNC 双夹线短接),然后按 $\boxed{校准}$ 键进入校准菜单,显示屏显示"请将测试线连接到输出输入端口,然后按确定键,按取消键将恢复到未校准状态",此时仪器提示将输入输出端用测试电缆连接,按"确定"(C5 键),仪器开始校准,大约 6 s 后完成校准并回到频率菜单,如果电缆未连接好,6 秒后仪器会提示您"测试线未连接,请将测试线连接到输出输入端口,然后按确定键,按取消键将恢复到未校准状态",连接好电缆后再次按"确定"(C5 键)进入校准。如要取消校准,按一下"取消"(C4 键)即可。

校准结束后,显示屏上应出现一条与水平电器刻度平行的红色水平基线,当"基准"设置值改变时,该基线会相应地上下平移。

②进入增益菜单和设定输出输入增益。仪器在执行校准时会自动将输出增益设为 −20 dB(幅度约为 0.67 Vp−p),输入增益设为 0 dB(无衰减)。校准结束后,往往还要根据测试的要求重新设定输出增益。

按功能选择栏内的 $\boxed{增益}$ 键即可进入增益菜单,增益的显示只有"对数"一种方式,所以该菜单中所有的参数都是以电压增益 dB 为单位,按对数关系给出的。该菜单中包括"输出""输入""基准"和"增益"等四个选项,由 C2 ~ C5 四个键分别控制。

"输出"二字下面的设置值代表测试仪的输出电平值,0 dB 时输出电平的峰峰值实测为 6.7 V。"输入"二字下面的设置值代表测试仪输入端所带衰减器的衰减值,0 dB 代表无衰减。"基准"二字下面的设置值代表显示曲线在显示屏上的基准位置,为了观察曲线的方便,应适当设置和调整"基准"值。当"输出""输入"和"基准"设置完成并执行校准后,所显示的曲线是一条与显示屏水平电器刻度平行的直线。无论上述哪组设置值减小(增加),曲线都会向下(相上)平移相应 dB 的刻度。

a. 输出增益的设置:进入增益菜单后,再按 C2 键和 $\boxed{-/\leftarrow}$、$\boxed{2}$、$\boxed{0}$、$\boxed{dB}$ 键即完成输出增益设为 −20 dB 的操作。也可调节手轮改变"增益"设置值(逆时针减小,顺时针增加,调节步距 1 dB),或者按调节键 $\boxed{\wedge}$ 或 $\boxed{\vee}$ 进行调节,每按一次改变 10 dB。

"输出"增益的设置范围是 0 ~ −80 dB,用数字键设置时,如果设置值大于 0 或小于 −80 dB,则操作无效,测试仪保持原有设置值。

b. 输入增益的设置:按 C3 键和 $\boxed{0}$、$\boxed{dB}$ 键即完成输入增益设为 0 dB 的操作。输入增益的设置范围是 10 ~ −30 dB、步距为 10 dB,用数字键设置输入增益时,如果输入值不时 10 的整倍数,测试仪则首先将输入值按四舍五入的规则进行预处理,然后将处理后的结果作为设置值。同样,输入增益的设置值也可以用手轮或者用调节键 $\boxed{\wedge}$ 或 $\boxed{\vee}$ 进行改变。

　　c.扫描线位置基准设置:"基准"的设置范围为 $-50\sim150$ dB。按 C4 键后再按相应的数字键和 $\boxed{Hz}$ 键,或旋转调节手轮,均可改变基准值。按 $\boxed{\wedge}$ 或 $\boxed{\vee}$ 键也可以改变基准值,但 $\boxed{\wedge}$ 和 $\boxed{\vee}$ 键的调节步距为 25 dB。

　　d.增益刻度比例设置:菜单中最下边的"增益"表示水平电器刻度在垂直方向每大格所代表的增益值,共有"10 dB""5 dB"和"1 dB"三种显示方式,连续按 $\boxed{增益}$ 键,三种显示方式会依次轮流以反白方式出现。

　　(3)接线

　　校准完毕后,用工厂提供的 BNC 头双夹线按图 4 - 13 所示的方法,将测试仪的输出端(OUT)与被测电路的输入端(IN)连接、被测电路的输出端(OUT)与测试仪的输入端(IN)连接。注意红夹子所连的是芯线(信号线),黑夹子所连的是地线,不可接错。当被测电路频率高于 8 MHz 时,最好使用双端都是 BNC 插头的电缆连接。

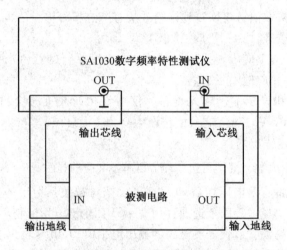

图 4 -13　BNC 头双夹线图

　　注意,在测试过程中不可以改变频率菜单中的设定值,否则要重新进行以上的校准步骤。

### 3.特性曲线显示窗和数据的判读

　　(1)特性曲线显示窗

　　显示屏面右侧显示的是操作菜单。左侧大部分面积中所显示的是特性曲线显示窗,结构如图 4 - 14 所示,窗口由 11 条垂直电器刻度线(虚线)和 9 条水平电器刻度线构成 8 行、10 列正方形方格阵列,幅频特性曲线和相频特性曲线就显示在方格阵列中。

　　在方格阵列的下边用英文给出了三组数据,始点频率(Start)和终点频率(End)所显示的是测试仪的设定值。第三组数据显示在始点频率(Start)值的右边,显示内容随光标菜单中的设置而定,如果光标设置为"幅频"时,显示内容为垂直刻度每格代表的增益值(Gain),即 10 dB/div,5 dB/div 或 1 dB/div。当光标设置为"相频"时,显示内容为垂直刻度每格代表的相位差值(Phase,以(°)为单位)。

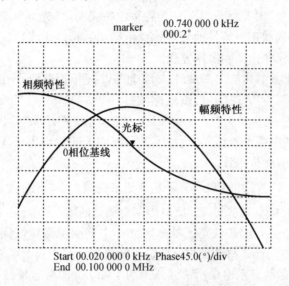

**图 4 - 14　频率特性测试仪的特性曲线显示窗("频率对数"状态)**

在方格阵列的上边用英文给出了两组数据,显示内容随光标菜单中的设置而定,当光标设置为"光标幅频"和"光标常态"时,显示内容为光标所在点的频率值和该频率点的绝对增益值(以 dB 为单位)。当光标设置为"光标幅频"和"光标差值"时,显示内容为两个选定光标所在点之间的频率差值和增益差值(以 dB 为单位)。当光标设置为"光标相频"和"光标常态"时,显示内容为光标所在点的频率值和该频率点的相位值(以(°)为单位)。当光标设置为"光标相频"和"光标差值"时,显示内容为两个选定光标所在点之间的频率差值和相位差值(以(°)为单位)。

要特别说明,本实验书中的"相位"指的是同一个频率点的电压信号通过被测电路后,其输出电压信号相位减去输入信号电压相位所得的"差"。完整的名称应该叫作"相位移",该值 >0 表示输出信号的电压相位超前于输入信号的电压相位,该值 <0 表示输出信号的电压相位滞后于输入信号的电压相位。"相位差值"是指两个频率点之间的"相位移"的差值。

(2)进入显示菜单和设置显示内容

测试仪开机时给出的默认值是只显示幅频特性曲线,如要显示相频特性曲线,就要通过"显示"菜单来设置。

按功能选择栏内的 显示 键进入"显示"菜单。该菜单中包括"幅频开、关"和"相频开、关"两个选项。用 C3 键将"相频"设置为"开",特性曲线显示窗中才会出现相频特性曲线。如果要让显示屏不显示幅频特性,用 C2 键将"幅频"设置为"关"即可。

(3)进入光标菜单和设置光标

光标菜单可以设定光标的状态、打开的数量、光标的移动,并借此来准确测量特性曲线的频率、增益、相位或两频率点之间的频率差值、增益差值和相位差值。在读取数据之前,首先应进入光标菜单,设定需要读取的内容。

按 光标 键进入光标菜单。其中共有"光标常态""光标差值""选择 1、2、3、4"和"光标幅频、相频"四组选项,分别用 C2~C4 键控制。选择"光标幅频"时光标只能落在幅频特性曲线上,选择"光标相频"时光标只能落在相频特性曲线上。"光标常态""光标差值"和"光标幅频、相频"设为不同状态时特性曲线显示窗所给出数据的定义已在前面介绍,这里不再赘述。下面只介绍光标的选择和操作方法。

光标"选择"的选项中共给出 1,2,3,4 四个可以打开的光标号,选中其中任一个光标号,再操作 C4 键使"开"字呈现反白,该光标就打开了。四个光标的颜色是不同的,光标 1 为绿色,光标 2 为白色,光标 3 为红色,光标 4 为黄色。在"光标常态"状态时,这四个光标的使用方法是一样的,选中哪个光标,特性曲线显示窗的上部就给出该光标所在点的数据,并且数据的颜色与光标的颜色一致。

光标的移动可用 $\boxed{\wedge}$ 或 $\boxed{\vee}$ 键和调节手轮旋钮来完成。在"光标差值"状态时,只能打开光标 1 和光标 2。且只能移动光标 2。所以当需要测量曲线上两点间的频率差值、相位差值或增益差值时,应在"光标常态"状态下首先将光标 1 移到拟测量区间的始点,然后设置成"光标差值"状态,再把光标 2 移动到拟测量区间的终点。

图 4-14 的特性曲线显示窗中所示曲线为图 4-15 文氏桥选频网络的幅频特性曲线和相频特性曲线。以此为例,对数据判读方法加以介绍。

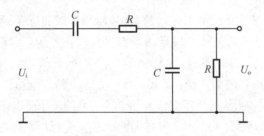

**图 4-15　文氏桥选频网络电路**

(4)用相频特性曲线判读被测电路的频率特性

首先根据电路参数初步计算一下需要分析的频率范围。图 4-15 为文氏桥振荡器中常用的选频网络,在 $f_0 = \dfrac{1}{2\pi RC}$ 处的增益 $G = \dfrac{1}{3}$,且输出与输入之间的相位差 $\Phi = 0$。当电阻 $R$ 选用 10 kΩ、电容选用 22 nF 时有

$$f_0 = \frac{1}{2\pi \times 10^4 \times 22 \times 10^{-9}} \approx 723 \text{ Hz} \tag{4-2}$$

可知这是一个音频带通滤波器,谐振频率的理论值为 723 Hz,所以可以把始点频率设为 20 Hz,终点频率自动设定为 1 kHz。

测试仪经过预热和校准后,按图 4-13 给定的方式连接电路。

在特性曲线显示窗中,相频特性曲线的 0 相位位置是固定的,即第 5 条水平电器刻度线所在的位置,每格的垂直间距所代表的相位差也是固定的,即 45(°)/div。所以说只要校准工作做得好,利用相频特性曲线测量电路的通频带是最方便的方法。

①测量谐振频率 $f_0$。在光标菜单中首先把测试仪设置为"光标常态",将光标移动到相频特性曲线与第 5 条水平电器刻度线的交叉点上,这时特性曲线显示窗上部的 marker 显示

为 00.740 000 0 kHz 和 000.2°,这两个参数表示该点的频率值为 0.74 kHz,相位值为 0.2°,这就是被测电路的谐振频率 $f_0$。由于频率调节的步距为 25 Hz,所以不太可能把光标移动到相位绝对为 0 的点上,存在一定的误差属正常现象。

我们发现,$f_0$ 的理论值和实测值之间存在 17 Hz 的误差,经过分析,引起误差的主要原因有如下 4 条:

　　a. 测试仪存在 50 Ω 的输出阻抗,在计算电路时没有考虑进去;

　　b. 再精密的仪器都存在一定的频率漂移误差、电压基准误差、量化误差和校准误差;

　　c. 仪器的频率调节步距为 25 Hz,引起测试过程中出现固定的“测不准”误差;

　　d. 被测电路的元器件存在标称值误差。但是,就总的测量结果来说,还是令人满意的。

②测量下边频 $f_{C1}$ 和上边频 $f_{C2}$。把光标 1 分别移动到相位为 ±45° 的位置(第 4 条水平刻度线和第 6 条水平刻度线),就可以分别读出下边频 $f_{C1}$ = 0.232 kHz,上边频 $f_{C2}$ = 2.523 kHz。

③测量电路的通频带。把光标 1 移到相位为 -45° 的位置(4 条水平刻度线与相频特性曲线的交叉点),再把测试仪设置为“光标差值”,这时光标 1 和光标 2 是自动打开的,但在没有移动光标之前,两个光标完全重合,只能看到光标 1,并且 marker 数据全部为 0,颜色也变成了光标 2 的白色。按 $\boxed{\lor}$ 键或调节手轮,会发现只有光标 2 在移动,同时 marker 数据也随着光标 2 的移动在变化。

把光标 2 移动到相位为 +45° 的位置(第 6 条水平刻度线与相频特性曲线的交叉点),就可以读出 2.133 kHz,这就是被测电路的通频带宽。

(5)用幅频特性曲线判读被测电路的频率特性

SA1030 数字频率特性测试仪测出的幅频特性曲线要比相频特性曲线的准确度高,一般情况下应尽量利用幅频特性曲线进行参数的判读。仅用幅频特性曲线测量电路时,无须显示相频特性曲线。测试仪经过参数设置、预热和校准后,按图 4-13 给定的方式连接电路。

①测量电路增益 $G$

为了准确测量电路的增益 $G$,建议在测量前再次执行“校准”,校准完毕后,先不要断开测试仪输出端与输入端之间的短接,而是马上进入增益菜单,调整“基准”使扫描基线与第二条水平电器刻度线重合,然后再按图 4-13 的方式接入被测电路,将光标移到拟测试的频率点,出现图 4-16 所示的特性曲线显示窗。直接在特性曲线显示窗中估读该点距第二条水平电器刻度线之间的间距(格数),再乘以特性曲线显示窗下边给出的每格代表的增益数(dB)即可。图 4-16 所显示曲线的光标所在点是图 4-15 文氏桥选频网络的幅频特性曲线,我们发现该曲线的极点(谐振频率所在点)距电器刻度线下移了 1.95 格,所以在该点的增益为

$$G = 5 \text{ dB/div} \times (-1.95) \text{div} = -9.75 \text{ dB} \qquad (4-3)$$

与理论值($G = \dfrac{1}{3} = 20\lg 0.333 = -9.55$ dB)相比,误差仅 0.2 dB。这种读取增益值 $G$ 的方法可以称为基线比对法。

另一种方法是在校准状态下读取光标所在点的增益值(由于这时扫描线是一条水平基线,无论光标出于什么位置,marker 给出的增益数都是一样的),再读取接入被测电路后光标所在点的增益值,两者相减,就可得到电路在该频率点的增益值。例如图 4-16 所示曲线,在校准状态下光标所在点的增益显示值为 6.1 dB,接入电路后该点的增益显示值为 -3.9 dB,二者

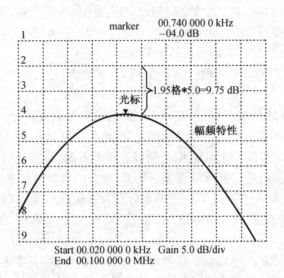

**图 4 – 16　比对法读取增益 $G$ 示意图("频率对数"状态)**

相减,可得到该点的增益 $G = -10$ dB。

产生误差的原因除前面已经分析的四条之外,用第一种方法测量时还存在人为的判读误差。

②测量谐振频率 $f_0$

将光标 1 移到幅频特性曲线的极点,marker 所显示的频率值就是谐振频率 $f_0$。

③测量下边频 $f_{C1}$ 和上边频 $f_{C2}$

将光标 1 放到幅频特性的极点,然后再把测试仪设为"光标差值"状态,移动光标 2(此时只有光标 2 能移动),当增益差值显示为 $-3$ dB 时,对应的频率显示值(低端和高端各有一个频率值),就分别是下边频 $f_{C1}$ 和上边频 $f_{C2}$。

④测量电路的通频带

记下 $f_{C1}$(或 $f_{C2}$),将测试仪设置为"光标常态",把光标 1 移到 $f_{C1}$ 的位置,再把测试仪设为"光标差值",然后移动光标 2 到 $f_{C2}$(或 $f_{C1}$),特性曲线显示窗中给出的频率差值就是被测电路的通频带。

### 4.3.2　SA1030 测试实例

**1. 无源四端网络进行的测试,只给出所设置的参数、典型图形和测试结果**

(1)RC 选频网络的频率特性测试

比较典型的 RC 选频网络一般有图 4 – 15、图 4 – 17 所示的两种电路,图 4 – 17 是双 T 型四端网络带阻滤波器,在 $f_0 = \dfrac{1}{2\pi RC}$ 处的增益 $G = 0$,且相位移为 0。图 4 – 15 为文氏桥振荡器中常用的选频网络,在 $f_0 = \dfrac{1}{2\pi RC}$ 处的增益 $G = \dfrac{1}{3}$,且输出与输入之间的相位差 $\Phi = 0$。当电阻 $R$ 选用 10 k$\Omega$、电容选 22 nF 时,这两种电路的 $f_0$ 理论值都等于 723 Hz。

测试这两种电路时,都可把始点频率设为 20 Hz,并让终点频率自动设定为 1 kHz。

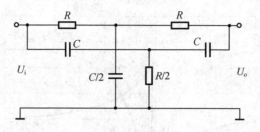

**图 4 – 17  RC 带阻网络电路**

图 4 – 17 RC 带阻网络所示电路的幅频特性曲线和相频特性曲线参数设置见表 4 – 1,特性曲线显示窗见图 4 – 18,判读结果见表 4 – 2。

**表 4 – 1  测试 RC 带阻网络时测试仪参数的设置**

| 功能选择 | 菜单名称 | 参数设置 |
|---|---|---|
| 频率 | 频率 | 对数 |
| | 始点 | 20 Hz |
| | 终点 | 0.1 MHz |
| 增益 | 输出 | – 20 dB |
| | 输入 | 0 dB |
| | 基准 | 006 |
| | 增益 | 5.0 dB/div |
| 光标 | 光标 | 常态(或差值) |
| | 光标 1 | 开 |
| | 光标 2 | 开(自动) |
| | 光标 3 | 关 |
| | 光标 4 | 关 |
| | 光标幅频 | 测量幅频特性曲线时选中 |
| | 光标相频 | 测量相频特性曲线时选中 |
| 显示 | 幅频 | 开 |
| | 相频 | 开 |
| | 声音 | 开 |
| 系统 | 输入阻抗 | 高阻 |
| | 扫描时间 | 2 倍 |

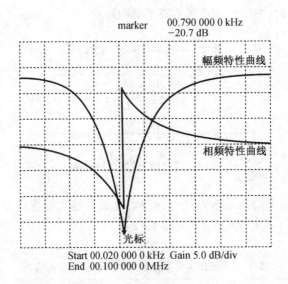

图4-18 双T型RC网络的输出电压频率特性曲线显示窗("频率对数"状态)

表4-2 RC带阻网络的判读结果

| 幅频特性 | | | 相频特性 | | |
|---|---|---|---|---|---|
| | 谐振频率 $f_0$ | 0.792 kHz | | 最小相位/(°) | 趋近于 0 |
| | 下边频 $f_{CL}$ | 134 Hz | | 最大相位/(°) | 趋近于 ±∞ |
| | 上边频 $f_{CH}$ | 4.21 kHz | | 相位超前区间 | >$f_0$ |
| | 通频带宽 | 3.92 kHz | | 相位滞后区间 | <$f_0$ |
| | $f_0$点电路增益 | -26.9 dB | | $f_0$点相位特性 | 双向、间断 |

图4-15所示文氏桥选频网络电路的幅频特性曲线和相频特性曲线参数设置同表4-1,特性曲线显示窗如图4-14所示,判读结果见表4-3。

表4-3 文氏桥选频网络的判读结果

| 幅频特性 | | | 相频特性 | | |
|---|---|---|---|---|---|
| | 谐振频率 $f_0$ | 0.74 kHz | | 最小相位/(°) | 趋近于 0 |
| | 下边频 $f_{CL}$ | 232 kHz | | 最大相位/(°) | 趋近于 ±90 |
| | 上边频 $f_{CH}$ | 2.523 kHz | | 相位超前区间 | <$f_0$ |
| | 通频带宽 | 2.291 kHz | | 相位滞后区间 | >$f_0$ |
| | $f_0$点电路增益 | -10 dB | | $f_0$点相位特性 | 极大值、连续 |

(2)RC低通滤波器的频率特性测试

RC低通滤波器电路如图4-19所示,当信号频率趋近于0 Hz时,电容容抗趋近于无穷大,电路增益趋近于0 dB,相位趋近于0°。当信号频率趋近于∞时,电容容抗趋近于0,电路增益趋近于 -∞ dB,相位趋近于 -90°。增益下降3 dB时的截止频率为 $f_c = \dfrac{1}{2\pi RC}$,电压相位

为 $-45°$。取 $R = 1 \ \text{k}\Omega, C = 0.1 \ \mu\text{F}, f_C = 1.591 \ \text{kHz}$。

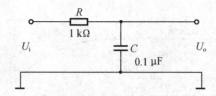

**图 4 - 19  RC 低通滤波器**

测试仪的功能菜单设置方式见表 4 - 4。

**表 4 - 4  测试 RC 带阻网络时测试仪功能菜单的设置**

| 功能选择 | 菜单名称 | 参数设置 |
| --- | --- | --- |
| 频率 | 频率 | 对数 |
| | 始点 | 20 Hz |
| | 终点 | 100 kHz |
| 增益 | 输出 | -20 dB |
| | 输入 | 0 dB |
| | 基准 | 006 |
| | 增益 | 5.0 dB/div |
| 光标 | 光标 | 常态(或差值) |
| | 光标 1 | 开 |
| | 光标 2 | 开(自动) |
| | 光标 3 | 关 |
| | 光标 4 | 关 |
| | 光标幅频 | 测量幅频特性曲线时选中 |
| | 光标相频 | 测量相频特性曲线时选中 |
| 显示 | 幅频 | 开 |
| | 相频 | 开 |
| 系统 | 声音 | 开 |
| | 输入阻抗 | 高阻 |
| | 扫描时间 | 2 倍 |

特性曲线显示窗如图 4 - 20 所示。

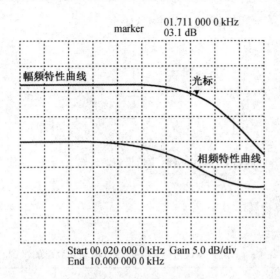

图 4 – 20　RC 低通滤波器的输出电压幅频特性和输出电压相频特性曲线显示窗

判读结果见表 4 – 5。

表 4 – 5　RC 低通滤波器的判读结果

| 幅频特性 | 低频最大增益 | 0 dB | 相频特性 | 最小相位/(°) | 趋近于 0 |
|---|---|---|---|---|---|
| | 截止频率 $f_C$ | 1.594 kHz | | 最大相位/(°) | 趋近于 – 90 |
| | $f_C$ 点电路增益 | – 3 dB | | 相位超前区间 | 无 |
| | 通频带宽 | 1.594 kHz | | 相位滞后区间 | 全部 |
| | $f_C$ 点幅度特性 | 单调减 | | $f_C$ 点相位/(°) | – 45、单调减 |

（3）RC 高通滤波器的频率特性测试

RC 高通滤波器电路如图 4 – 21 所示,当信号频率趋近于 0 Hz 时,电容容抗趋近于无穷大,增益趋近于 $-\infty$ dB,相位趋近于 +90°。当信号频率趋近于 $\infty$ 时,电容容抗趋近于 0,增益趋近于 0 dB,相位趋近于 0。

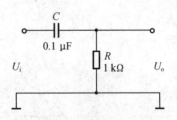

图 4 – 21　RC 高通滤波器

增益下降 3 dB 时的截止频率为 $f_C = \dfrac{1}{2\pi RC}$。$f_C$ 处电压相位为 +45°。

取 $R = 1$ k$\Omega$,$C = 0.1$ μF,$f_C = 1.591$ kHz。

测试仪的功能菜单设置方式与表 4 – 4 相同。

特性曲线显示窗如图 4 – 22 所示。

判读结果见表 4 – 6。

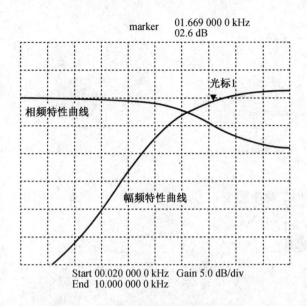

marker　01.669 000 0 kHz
　　　　 02.6 dB

相频特性曲线

光标L

幅频特性曲线

Start 00.020 000 0 kHz　Gain 5.0 dB/div
End　10.000 000 0 kHz

**图 4 – 22　RC 高通滤波器的输出电压幅频特性和输出电压相频特性曲线显示窗**

**表 4 – 6　RC 高通滤波器的判读结果**

| 幅频特性 | 高频最大增益 | – 0.2 dB | 相频特性 | 最小相位/(°) | 趋近于 0 |
|---|---|---|---|---|---|
| | 截止频率 $f_C$ | 1.669 kHz | | 最大相位/(°) | 趋近于 +90 |
| | $f_C$ 点电路增益 | – 3.2 dB | | 相位超前区间 | 全部 |
| | 通频带宽 | 1.669 kHz ~ ∞ | | 相位滞后区间 | 无 |
| | $f_C$ 点幅度特性 | 单调增 | | $f_C$ 点相位/(°) | +45、单调减 |

（4）RL 低通滤波器的频率特性测试

RL 低通滤波器电路如图 4 – 23 所示。当信号频率趋近于 0 Hz 时，电感的感抗趋近于 0，增益趋近于 0 dB，相位趋近于 0°。当信号频率趋近于∞时，电感的感抗趋近于∞，增益趋近于 – ∞ dB，相位趋近于 – 90°。增益下降 3 dB 时的截止频率为

$$f_C = \frac{R}{2\pi L} \tag{4 – 4}$$

$f_C$ 处电压相位为 – 45°。

取 $R = 1\ \mathrm{k\Omega}, L = 100\ \mathrm{mH}, f_C = 1.592\ \mathrm{kHz}$。测试仪的功能菜单设置方式与表 4 – 4 相同。特性曲线显示窗与图 4 – 20 基本相同。判读结果与表 4 – 5 基本相同，此处不再赘述。

（5）RL 高通滤波器的频率特性测试

RL 高通滤波器电路如图 4 – 24 所示。当信号频率趋近于 0 时，电感的感抗趋近于 0，增益趋近于 0，相位也趋近于 0，随着频率的逐渐上升，感抗也逐渐增加，输出电压相位大于 0，且随着频率的上升而上升。当信号频率上升到一定值时，相位达到最大，以后频率再上升，相位开始单调递减，当频率趋近于∞时，电感的感抗趋近于∞，增益趋近于 1，相位趋近于 0°。

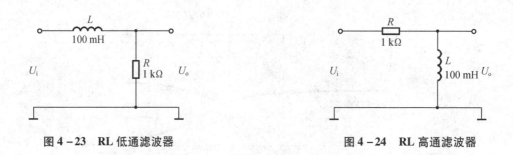

图 4 − 23  RL 低通滤波器　　　　　　　　　图 4 − 24  RL 高通滤波器

增益下降 3 dB 时的截止频率为 $f_C = \dfrac{R}{2\pi L}$，频率为 $f_C$ 处的电压相位接近 +45°。取 $R = 1\ \text{k}\Omega,L = 100\ \text{mH},f_C = 1.592\ \text{kHz}$。

测试仪的功能菜单设置方式与表 5 − 4 相同，特性曲线显示窗如图 4 − 25 所示。

由图 4 − 25 可见，当频率低于 500 Hz 时，输出电压的相位反而减小了。

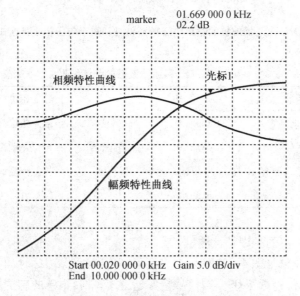

图 4 − 25　RL 高通滤波器的输出电压幅频特性和输出电压相频特性曲线显示窗

判读结果见表 4 − 7。

表 4 − 7  RL 高通滤波器的判读结果

| 幅频特性 | 高频最大增益 | −0.3 dB | 相频特性 | 最小相位/(°) | 趋近于 0 |
|---|---|---|---|---|---|
| | 截止频率 $f_C$ | 1.669 kHz | | 最大相位/(°) | 500 Hz 附近最大 |
| | $f_C$ 点电路增益 | −3.3 dB | | 相位超前区间 | 全部 |
| | 通频带宽 | 1.669 kHz ∼ ∞ | | 相位滞后区间 | 无 |
| | $f_C$ 点幅度特性 | 单调增 | | $f_C$ 点相位/(°) | +45、单调减 |

（6）LC 串联谐振电路的频率特性测试

LC 串联电路发生谐振时最大的特点是 LC 电路两端呈现的阻抗最小、电压降最小，所以正确的方法应测量总输入电压 $U_i$ 在 LC 串联回路上的分压。故应在 LC 串联谐振电路的输入端串入一只阻值在 1~2 kΩ 左右的电阻 $R$，连接方法如图 4-26(a)所示。而不能像图 4-26(b)所示电路那样把 $R$ 接地后在 $R$ 两端测量电压，否则测试仪的输入电阻和输入电容会导致测量不准。

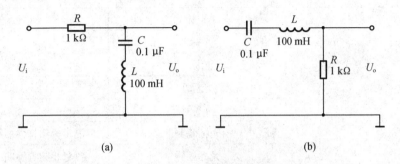

**图 4-26　测量 LC 串联谐振电路的接线方法**

(a)正确的测量电路由;(b)错误的测量电路

图 4-26(a)所示电路中,谐振频率为

$$f_0 = \frac{1}{2\pi \sqrt{LC}} \tag{4-5}$$

取 $C = 0.1\ \mu F, L = 100\ mH, f_0 = 1.592\ kHz$。

在谐振频率 $f_0$ 处输出电压相位为 0°,谐振回路呈电阻性且阻抗最小,所以输出端增益小于 0 dB 且最小。频率低于 $f_0$ 时串联电路呈电容性,电压相位 <0,当频率趋近于 0 Hz 时电压相位趋近于 -0°且容抗趋近于 ∞,增益趋近于 0 dB。频率高于 $f_0$ 时回路呈电感性,电压相位 >0,当频率趋近于 ∞ 时电压相位趋近于 +0°,增益也趋近于 0 dB。在 $f_0$ 处的电压增益由电路的 $Q$ 值决定。

$$Q = \frac{U_o}{U_i} = \frac{1}{R_0}\sqrt{\frac{L}{C}} \tag{4-6}$$

其中,$R_0$ 为串联谐振回路中的电感线圈电阻。在计算之前可用万用表测量一下 $R_0$,若 $R_0$ 按 40 Ω 估计,则 $Q$ 值约为 25,于是在 $f_0$ 处的电压增益应为

$$G = -20\lg Q = -20\lg 25 \approx -28\ dB \tag{4-7}$$

测试图 4-26(a)所示电路时测试仪的设置见表 4-8。

**表 4-8　测试 LC 串联谐振电路时测试仪参数的设置**

| 功能选择 | 菜单名称 | 参数设置 |
| --- | --- | --- |
| 频率 | 频率 | 线性 |
| | 始点 | 300 Hz |
| | 终点 | 3 kHz |

表 4 −8(续)

| 功能选择 | 菜单名称 | 参数设置 |
|---|---|---|
| 增益 | 输出 | −20 dB |
| | 输入 | 0 dB |
| | 基准 | 100 |
| | 增益 | 5.0 dB/div |
| 光标 | 光标 | 常态(或差值) |
| | 光标 1 | 开 |
| | 光标 2 | 开(自动) |
| | 光标 3 | 关 |
| | 光标 4 | 关 |
| | 光标幅频 | 测量幅频特性曲线时选中 |
| | 光标相频 | 测量相频特性曲线时选中 |
| 显示 | 幅频 | 开 |
| | 相频 | 开 |
| 系统 | 声音 | 开 |
| | 输入阻抗 | 高阻 |
| | 扫描时间 | 2 倍 |

注意:由于电路的 Q 值远大于 1,测试仪"增益"菜单中的"输出增益"或"增益基准"应适当增大或减小,使扫描基线上下平移,以便完整地观察曲线和判读数据。

该电路的特性曲线显示窗如图 4 −27 所示。判读结果见表 4 −9。

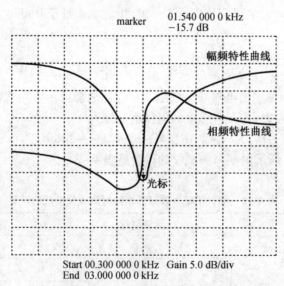

marker    01.540 000 0 kHz
−15.7 dB

幅频特性曲线

相频特性曲线

光标

Start 00.300 000 0 kHz   Gain 5.0 dB/div
End   03.000 000 0 kHz

**图 4 −27   LC 串联谐振电路的输出电压幅频特性和输出电压相频特性曲线显示窗**

表 4 - 9　LC 串联谐振电路的判读结果

| 幅频特性 | 谐振频率 $f_0$ | 1.54 kHz | 相频特性 | 最小相位/(°) | -56.1 |
|---|---|---|---|---|---|
| | 下边频 $f_{CL}$ | 1.47 kHz | | 最大相位/(°) | 65.0 |
| | 上边频 $f_{CH}$ | 1.64 kHz | | 相位超前区间 | $>f_0$ |
| | 通频带宽 | 0.17 kHz | | 相位滞后区间 | $<f_0$ |
| | $f_0$ 点电路增益 | -21.4 dB | | $f_0$ 点相位特性 | 连续、递增 |

（7）LC 并联谐振电路的频率特性测试

LC 并联电路发生谐振时最大的特点是 LC 回路两端所呈现的阻抗最大、流过 LC 回路的电流最小,所以正确的方法应该是测量回路电流,在 LC 并联谐振电路的输出端对地串入一只电阻 $R$,测量回路电流在 $R$ 两端的电压降,连接方法如图 4 - 28(a)所示。而不能像图 4 - 28(b)所示电路那样串联在 LC 并联谐振电路的输入端去直接测量 LC 并联回路的电压,否则测试仪的输入电阻和输入电容会严重影响谐振回路的 $Q$ 值,导致测量不准。

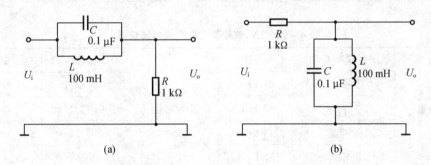

图 4 - 28　测量 LC 并联谐振电路的接线方法

（a）正确的测量电路；（b）错误的测量电路

并联谐振电路与串联谐振电路的计算方法一样,谐振频率 $f_0$ 也等于 $\dfrac{1}{2\pi\sqrt{LC}}$,电路的品质因素 $Q$ 也等于 $\dfrac{1}{R_0}\sqrt{\dfrac{L}{C}}$。如果也取 $C = 0.1$ μF,$L = 100$ mH,$f_0$ 同样等于 1.592 kHz。

测量图 4 - 28(a)所示电路时的测试仪设置与表 4 - 8 相同。特性曲线显示窗如图 4 - 29 所示。判读结果见表 4 - 10。

（8）晶体振荡器频率特性的测试

晶体振荡器是一种比较特殊的元件,其等效电路如图 4 - 30 所示。其中,$C_0$ 为晶体的等效静电电容,其范围为几 pF 到几十 pF;$R$ 为晶体的损耗电阻,其值约为 100 Ω;$C$ 为晶体的弹性等效电容,其值为 0.01 ～ 0.1 pF;$L$ 为晶体的机械震动惯性等效电感,其值为 1～10 mH。

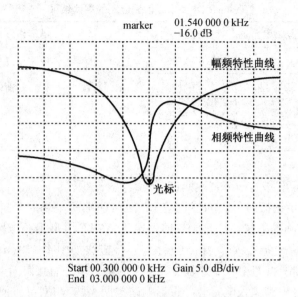

marker  01.540 000 0 kHz
      −16.0 dB

幅频特性曲线

相频特性曲线

光标

Start 00.300 000 0 kHz Gain 5.0 dB/div
End 03.000 000 0 kHz

**图4-29 并联谐振电路的回路电流幅频特性和回路电流相频特性曲线显示窗**

**表4-10 LC串联谐振电路的判读结果**

| | | | | | |
|---|---|---|---|---|---|
| 幅频特性 | 谐振频率$f_0$ | 1.54 kHz | 相频特性 | 最小相位/(°) | −53 |
| | 下边频$f_{CL}$ | 1.47 kHz | | 最大相位/(°) | 68.0 |
| | 上边频$f_{CH}$ | 1.62 kHz | | 相位超前区间 | $>f_0$ |
| | 通频带宽 | 0.15 kHz | | 相位滞后区间 | $<f_0$ |
| | $f_0$点电路增益 | −22.1 dB | | $f_0$点相位特性 | 连续、递增 |

由石英晶体等效电路的频率特性可知,石英晶体具有两个谐振频率,即并联谐振频率和串联谐振频率。其中LCR支路谐振时,电路的谐振频率称为串联谐振频率,用$f_S$表示,其表达式为

$$f_S = \frac{1}{2\pi\sqrt{LC}} \qquad (4-8)$$

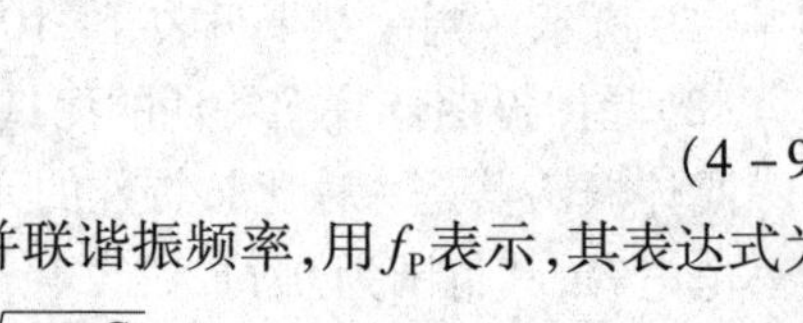

**图4-30 石英晶体的等效电路**

当$f=f_S$时,等效电路的电抗最小,为电阻性,其值$X$为

$$X\big|_{f=f_S} = R \qquad (4-9)$$

LCR支路与$C_0$发生谐振时,电路的谐振频率称为并联谐振频率,用$f_P$表示,其表达式为

$$f_P \approx \frac{1}{2\pi\sqrt{L\dfrac{CC_0}{C+C_0}}} = f_S\sqrt{1+\frac{C}{C_0}} \qquad (4-10)$$

通常$C_0 \gg C$,故$f_S$和$f_P$非常接近且串联谐振频率低于并联谐振频率。一般市售晶体上标出的频率值为$f_S$。

测量晶体频率特性的电路如图 4 – 31 所示。因为频率特性测试仪的信号输入阻抗即使被设置为"高阻",也只有 500 kΩ 左右,所以在实际测量时也可以将取样电阻 $R$ 省略掉,把测试仪的输入阻抗直接等效为取样电阻。基本上不影响频率特性的测量。

本实验取 12 MHz 二脚晶体为例,测试时仪器的设置见表 4 – 11。

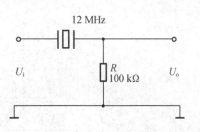

**图 4 – 31　测量晶体频率特性的电路**

**表 4 – 11　测试 12 MHz 晶体时测试仪参数的设置**

| 功能选择 | 菜单名称 | 参数设置 |
|---|---|---|
| 频率 | 频率 | 线性 |
|  | 始点 | 11.975 MHz |
|  | 终点 | 12.040 MHz |
| 增益 | 输出 | – 20 dB |
|  | 输入 | 0 dB |
|  | 基准 | 040 |
|  | 增益 | 5.0 dB/div |
| 显示 | 幅频 | 开 |
|  | 相频 | 开 |
| 系统 | 声音 | 开 |
|  | 输入阻抗 | 高阻 |
|  | 扫描时间 | 2 倍 |

特性曲线显示窗如图 4 – 32 所示。图 4 – 32 中光标 1 所在的位置为晶体串联谐振幅度峰点,光标 2 所在的位置为晶体并联谐振相位峰点。由图 4 – 32 可知,两个谐振频率之差仅 2.34 kHz。同时可以看到,当频率小于串联谐振频率和大于并联谐振频率时,电路输出信号的电压相位都是超前的,即晶体呈电感性,频率在串并联谐振频率之间时,输出信号的电压相位是滞后的,即晶体呈电容性。

显示窗的数据判读结果见表 4 – 12。

## 2. 利用 SA1030 数字频率特性测试仪进行的频率特性测试

(1)二阶有源低通滤波器频率特性测试

二阶有源低通滤波器电路如图 4 – 33 所示。该电路的传递函数为

$$A(\mathrm{j}\omega) = \frac{1}{1 - \omega^2 R^2 C_1 C_2 + \mathrm{j}2\omega R C_2} \tag{4 – 11}$$

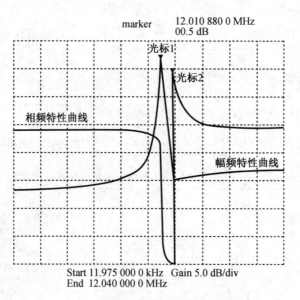

marker 12.010 880 0 MHz
00.5 dB

**图4-32　12 MHz 晶体频率特性曲线显示窗**

**表4-12　LC 串联谐振电路的判读结果**

| 幅频特性 | | | 相频特性 | | |
|---|---|---|---|---|---|
| | 串联谐振频率 $f_S$ | 12.01088 MHz | | $f_S$点相位/(°) | -24(曲线存在误差) |
| | $f_S$点增益 | -9.9 dB | | 低频端相位/(°) | +35.4 |
| | 低频端增益 | -32.5 dB | | $f_P$点相位/(°) | ±∞ |
| | 串联谐振频率 $f_P$ | 12.01322 MHz | | 高频端相位/(°) | +37.2 |
| | $f_P$点增益 | -36 dB | | 相位超前区间 | $f<f_S,f>f_P$ |
| | 高频端增益 | -33.5 dB | | 相位滞后区间 | $f_S<f<f_P$ |

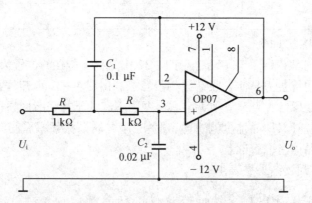

**图4-33　二阶有源低通滤波器**

令

$$\begin{cases} f_1 = \dfrac{1}{2\pi R\sqrt{C_1 C_2}} \\ f_2 = \dfrac{1}{4\pi R C_2} \end{cases}$$

(4-12)

则幅频特性为

$$A = \frac{1}{\sqrt{\left[1 - \left(\dfrac{f}{f_1}\right)^2\right]^2 + \left(\dfrac{f}{f_2}\right)^2}} \tag{4-13}$$

对数幅频特性为

$$G = 20\lg A = -20\lg \sqrt{\left[1 - \left(\dfrac{f}{f_1}\right)^2\right]^2 + \left(\dfrac{f}{f_2}\right)^2} \tag{4-14}$$

由式(4-13)可知,当 $f \ll f_1$ 时,$G$ 为幅度趋近于 0 dB 的水平直线;当 $f \ll f_1$ 时,$G$ 趋近于 $-40\lg \dfrac{f}{f_1}$ 的斜线,其斜率为 $-40/10$ 倍频;当 $f = f_1$ 时,$G = 20\lg A = -20\lg \dfrac{f}{f_2} = -20\lg \dfrac{f_1}{f_2} = -10\lg \dfrac{4C_2}{C_1}$,本例中 $\dfrac{C_1}{C_2} = 5$,所以在 $f = f_1$ 点有 $G = -10\lg 0.8 = 0.97$ dB,曲线产生 0.97 dB 的隆起。

将图 4-33 中的参数代入式(4-12)可得

$$f_1 = \frac{1}{2\pi R \sqrt{C_1 C_2}} = \frac{1}{2\pi \times 10^3 \sqrt{10^{-7} \times 2 \times 10^{-8}}} = 3.559 \text{ kHz}$$

$$f_2 = \frac{1}{4\pi R C_2} = \frac{1}{4\pi \times 10^3 \times 2 \times 10^{-8}} = 3.979 \text{ kHz}$$

测试图 4-33 所示的二阶有源低通滤波器电路时测试仪的设置见表 4-13。

表 4-13　测试二阶有源低通滤波器电路时测试仪参数的设置

| 功能选择 | 菜单名称 | 参数设置 |
|---|---|---|
| 频率 | 频率 | 对数 |
| | 始点 | 1 kHz |
| | 终点 | 10 kHz |
| 增益 | 输出 | -20 dB |
| | 输入 | 0 dB |
| | 基准 | 10 |
| | 增益 | 5.0 dB/div |
| 光标 | 光标 | 常态(或差值) |
| | 光标 1 | 开 |
| | 光标 2 | 开(自动) |
| | 光标 3 | 关 |
| | 光标 4 | 关 |
| | 光标幅频 | 测量幅频特性曲线时选中 |
| | 光标相频 | 测量相频特性曲线时选中 |

表 4 - 13(续)

| 功能选择 | 菜单名称 | 参数设置 |
|---|---|---|
| 显示 | 幅频 | 开 |
| | 相频 | 开 |
| 系统 | 声音 | 开 |
| | 输入阻抗 | 高阻 |
| | 扫描时间 | 2 倍 |

电路的特性曲线显示窗如图 4 - 34 所示。图 4 - 34 中光标 1 所在点的频率值为 $f_1$ ,实测值为 3. 597 kHz。在 $f_1$ 点的相位为 - 90°。

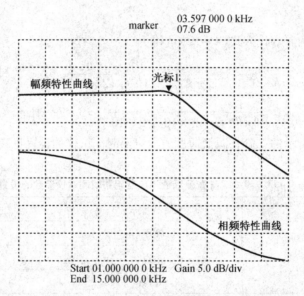

图 4 - 34　二阶有源低通滤波器的特性曲线显示窗

显示窗数据判读结果见表 4 - 14。

表 4 - 14　二阶有源低通滤波器电路的判读结果

| 幅频特性 | 低频最大增益 | 0 dB | 相频特性 | 最小相位/(°) | 低频端趋近于 0 |
|---|---|---|---|---|---|
| | 转折频率 $f_1$ | 3. 597 kHz | | 最大相位/(°) | 高频端趋近于 - 360 |
| | $f_1$ 点电路增益 | + 1. 3 dB | | 相位超前区间 | 无 |
| | - 3 dB 频率 $f_c$ | 5. 152 kHz | | 相位滞后区间 | 全部 |
| | $f_1$ 点幅度特性 | 接近极大值 | | $f_c$ 点相位/(°) | - 132、单调减 |

(2)二阶有源高通滤波器频率特性测试

二阶有源高通滤波器电路如图 4 - 35 所示。

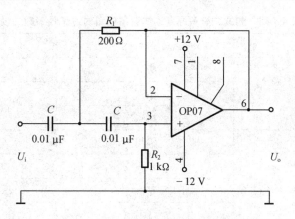

**图 4 – 35　二阶有源高通滤波器电路**

该电路的传递函数为

$$A(j\omega) = \cfrac{1}{1 - \cfrac{1}{\omega^2 R_1 R_2 C^2} + j\cfrac{2}{\omega R_2 C}} \tag{4-15}$$

令

$$\begin{cases} f_1 = \cfrac{1}{2\pi C \sqrt{R_1 R_2}} \\ f_2 = \cfrac{1}{\pi R_2 C} \end{cases} \tag{4-16}$$

则幅频特性为

$$A = \cfrac{1}{\sqrt{\left[1 - \left(\cfrac{f_1}{f}\right)^2\right]^2 + \left(\cfrac{f_2}{f}\right)^2}} \tag{4-17}$$

对数幅频特性为

$$G = 20\lg A = -20\lg \sqrt{\left[1 - \left(\cfrac{f_1}{f}\right)^2\right]^2 + \left(\cfrac{f_2}{f}\right)^2} \tag{4-18}$$

由式(4 – 18)可知,当 $f \gg f_1$ 时, $G$ 为幅度趋近于 0 dB 的水平直线;当 $f \ll f_1$ 时, $G$ 趋近于 $40\lg \cfrac{f}{f_1}$ 的斜线,其斜率为 +40/10 倍频;当 $f = f_1$ 时, $G = -20\lg \cfrac{f_2}{f} = -20\lg \cfrac{f_2}{f_1} = -10 \cfrac{4R_1}{R_2}$,本例中 $\cfrac{R_2}{R_1} = 5$,所以在 $f = f_1$ 处的对数幅频增益为 $G = -10\lg 0.8 = 0.97$ dB,曲线产生 0.97 dB 的隆起。将图 4 – 35 中的参数代入式(4 – 16)可得

$$f_1 = \cfrac{1}{2\pi C \sqrt{R_1 R_2}} = \cfrac{1}{2\pi \times 10^{-8} \sqrt{2 \times 10^5}} = 35.588 \text{ kHz}$$

$$f_2 = \cfrac{1}{\pi R_2 C} = \cfrac{1}{\pi \times 10^{-5}} = 31.830 \text{ kHz}$$

测试图 4 – 35 所示的二阶有源低通滤波器电路时测试仪的设置见表 4 – 15。

**表 4 - 15  测试二阶有源高通滤波器电路时测试仪参数的设置**

| 功能选择 | 菜单名称 | 参数设置 |
|---|---|---|
| 频率 | 频率 | 对数 |
| | 始点 | 16 kHz |
| | 终点 | 60 kHz |
| 增益 | 输出 | -20 dB |
| | 输入 | 0 dB |
| | 基准 | -50 |
| | 增益 | 5.0 dB/div |
| 显示 | 幅频 | 开 |
| | 相频 | 开 |
| 系统 | 声音 | 开 |
| | 输入阻抗 | 高阻 |
| | 扫描时间 | 2 倍 |

电路的特性曲线显示窗如图 4 - 36 所示。图 4 - 36 中光标 1 所在点的频率值为 $f_1$，实测值为 31. 136 kHz。在 $f_1$ 点的相位为 +90°。

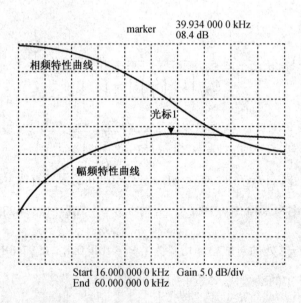

marker  39.934 000 0 kHz
08.4 dB

相频特性曲线

光标1

幅频特性曲线

Start 16.000 000 0 kHz  Gain 5.0 dB/div
End  60.000 000 0 kHz

**图 4 - 36  二阶有源高通滤波器的特性曲线显示窗**

判读结果见表 4 - 16。

表 4 - 16　　二阶有源高通滤波器电路的判读结果

| 幅频特性 | | | 相频特性 | | |
|---|---|---|---|---|---|
| $f = 59.7$ kHz 处增益 | 0.6 dB | | 最小相位/(°) | 高频端趋近于 0 | |
| 转折频率 $f_1$ | 39.934 kHz | | 最大相位/(°) | 低频端趋近于 360 | |
| $f_1$ 点电路增益 | +1.6 dB | | 相位超前区间 | 全部 | |
| -3 dB 频率 $f_c$ | 26.439 kHz | | 相位滞后区间 | 无 | |
| $f_1$ 点幅度特性 | 接近极大值 | | $f_c$ 点相位/(°) | +115、单调减 | |

（3）直流运方电路频率特性测试

图 4 - 37 所示电路为直流反相运算放大器。

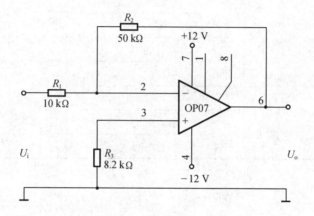

图 4 - 37　放大倍数等于 5 的直流反相运算放大器

该电路的放大倍数为

$$K = -\frac{R_2}{R_1} \tag{4-19}$$

输出信号相位为 180°，放大倍数等于 5，理论增益应为 $A = 20\lg K = 20\lg 5 \approx 14$ dB。

对于放大电路，一般情况下其放大倍数都会远远大于 1。利用本测试仪分析其电路特性时应注意两点。

第一，当频率范围设定得较宽时，本测试仪给出的相频特性曲线常会出现不连续点和跳跃点，导致相频特性测不准。故在测量放大倍数远远大于 1 的有源电路时，其相频特性曲线只能供参考。

第二，因为被测电路具有放大倍数，测试仪不能再按 - 20 dB 输出增益（相当于输出电压 0.67 Vp - p）设置，输出信号幅度必须相应减小，以免被测电路输出信号产生饱和失真，导致频率特性分析结果错误。所以在设定频率范围和校准之后，一定要将测试仪的输出增益降下来，降低的幅度应等于或稍大于被测电路的增益值，以确保被测的输出不失真。

图 4 - 37 所示电路的增益为 14 dB，所以设置测试仪时应将输出增益设置为 - 40 dB，比校准时测试仪的自动设定值低 20 dB，相当于被测电路的输入为 67 mVp - p，输出为 0.335 Vp - p。

如果不知道被测电路的增益，可一面改变测试仪的输出增益，一面观察显示窗中的幅频特性曲线,如果幅频特性曲线与增益变化量做等量的上下平移,而曲线的形状不产生变形,就说明被测电路没有产生失真。

分析图4-37所示测试直流反相运算放大器电路时测试仪的设置见表4-17。

表4-17　测试直流反相运算放大器电路时测试仪参数的设置

| 功能选择 | 菜单名称 | 参数设置 |
| --- | --- | --- |
| 频率 | 频率 | 对数 |
| | 始点 | 5 kHz |
| | 终点 | 5 MHz |
| 增益 | 输出 | -40 dB |
| | 输入 | 0 dB |
| | 基准 | 0 |
| | 增益 | 10.0 dB/div |
| 系统 | 声音 | 开 |
| | 输入阻抗 | 高阻 |
| | 扫描时间 | 2 倍 |

特性曲线显示窗如图4-38所示。

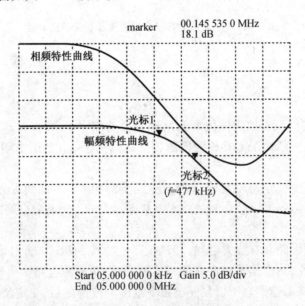

图4-38　直流反相运算放大器电路的特性曲线显示窗

分析图4-38曲线可知,在低频段,直流运放电路的增益是一条水平直线,且运放输出信号的相位为+180°(与输入反相)。在曲线的转折频率$f_1$(146 kHz左右)点,电路输出信号的增益下降3 dB左右,相位为+105°左右(理论值应为135°)。频率高于$f_1$时,输出按-9 dB/倍频程的斜率衰减。频率为$f_c=477$ kHz左右(光标2的位置)时,运放电路的增益下降到0 dB,输出信号相位也下降到接近0°,这时运放不再具备放大功能。可见,一般运放电路的通频带只能做到$100\sim200$ kHz、放大倍数越大,通频带越窄;否则就要选用宽带运放。

特性曲线显示窗判读结果见表4-18。

**表4-18　直流反相运算放大器电路的特性曲线判读结果**

| 幅频特性 | | | 相频特性 | | |
|---|---|---|---|---|---|
| | 低频段增益 | 14 dB | | 低频段相位/(°) | +180 |
| | 转折频率$f_1$ | 145.535 kHz | | $f_1$处相位/(°) | +105 |
| | $f_1$点电路增益 | 11 dB | | 相位反相区间 | 低频段 |
| | 0 dB增益点频率$f_c$ | 477.496 kHz | | 相位滞后区间 | 无 |
| | $f_c$点幅度特性 | 连续、递减 | | $f_c$点相位/(°) | +10.4 |

(4)晶体管交流放大器频率特性测试

图4-39所示电路为NPN晶体管交流反相放大器,该电路的输出信号相位为180°(输出与输入反相),放大倍数正比于晶体管的β。本例中放大倍数约等于44,理论增益应为

$$A = 20\lg K = 20\lg 44 \approx 33 \text{ dB} \tag{4-20}$$

所以测试仪的输出增益应设为

$$-20 \text{ dB} - 33 \text{ dB} = -55 \text{ dB} \approx 50 \text{ dB} \tag{4-21}$$

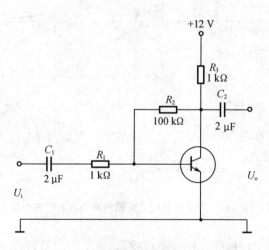

**图4-39　NPN晶体管交流反相放大器电路**

对于交流放大器,往往需要了解完整的频率特性曲线,包括高频段和低频段,遇到这种情况,可以分两次测试,先测试高(低)频段,再测试低(高)频段。

测试图 4 - 39 所示电路的高频段时,测试仪的设置见表 4 - 19。

表 4 - 19    测试晶体管交流放大电路高频段特性时测试仪参数的设置

| 功能选择 | 菜单名称 | 参数设置 |
|---|---|---|
| 频率 | 频率 | 对数 |
| | 始点 | 5 kHz |
| | 终点 | 15 MHz |
| 增益 | 输出 | −50 dB |
| | 输入 | 0 dB |
| | 基准 | −50 |
| | 增益 | 10.0 dB/div |
| 系统 | 声音 | 开 |
| | 输入阻抗 | 高阻 |
| | 扫描时间 | 2 倍 |

晶体管交流反相放大器的高频段特性曲线显示窗如图 4 - 40 所示。

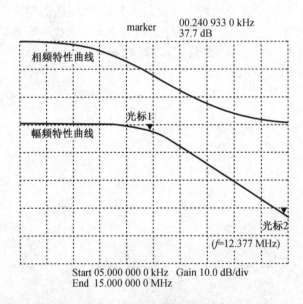

图 4 - 40    晶体管交流反相放大器的高频段特性曲线显示窗

该曲线与直流运放电路的频率特性曲线相似,所不同的是转折频率 $f_1$ 等于(240 kHz 左右)点,$f_1$ 点相位实测值为 + 129. 31°左右。频率高于 $f_1$ 时,输出按 − 6 dB/倍频程的斜率衰减。电路增益下降到 0 dB 时的频率 $f_c$ 为 12. 378 MHz 左右(光标 2 的位置),0 dB,$f_c$ 点的输出信号相位也下降到接近 0°。可见,晶体管电路的通频带要比运放电路的通频带宽得多。高频段特性曲线显示窗数据判读结果见表 4 - 20。

**表 4－20　晶体管交流反相放大器的高频段特性曲线判读结果**

| 幅频特性 | 低端增益 | 32.7 dB | 相频特性 | 低频段相位/(°) | +180 |
|---|---|---|---|---|---|
| | 转折频率 $f_1$ | 240.933 kHz | | $f_1$ 处相位/(°) | +129.31 |
| | $f_1$ 点电路增益 | −3 dB | | 相位反相区间 | 低频段 |
| | 0 dB 增益点频率 $f_C$ | 12.377 MHz | | 相位滞后区间 | 无 |
| | $f_C$ 点幅度特性 | 连续、递减 | | $f_C$ 点相位/(°) | 该点相位曲线不准 |

测试该电路的低频段时,测试仪的设置见表 4－21。

**表 4－21　测试晶体管交流放大电路低频段特性时测试仪参数的设置**

| 功能选择 | 菜单名称 | 参数设置 |
|---|---|---|
| 频率 | 频率 | 对数 |
| | 始点 | 20 Hz |
| | 终点 | 0.1 MHz |
| 增益 | 输出 | −50 dB |
| | 输入 | 0 dB |
| | 基准 | −50 |
| | 增益 | 10.0 dB/div |
| 系统 | 声音 | 开 |
| | 输入阻抗 | 高阻 |
| | 扫描时间 | 2 倍 |

晶体管交流反相放大器低频段的特性曲线显示窗如图 4－41 所示。

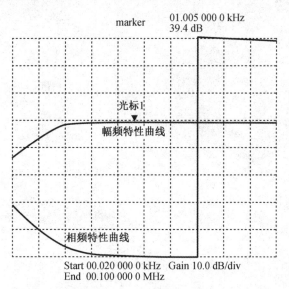

图 4－41　晶体管交流反相放大器的低频段特性曲线显示窗

应该说明的是,该曲线显示窗中频率低于 500 Hz 的部分因仪器性能所限,数据精度可能不够,仅供参考。另外,相频特性曲线在频率等于 18 kHz 附近由 +180° 跳跃到 -180°,这是正常现象,说明当频率小于 18 kHz 时,被测电路输出信号相位实际上不再与输入信号反相,而是滞后输入信号且滞后角度小于 180°。

低频段特性曲线显示窗数据判读结果见表 4 - 22。

表 4 - 22　晶体管交流反相放大器的低频段特性曲线线判读结果

| 幅频特性 | 1 kHz 点增益 | 34 dB | 相频特性 | $f_1$ 处相位/(°) | -135.4 |
|---|---|---|---|---|---|
| | 转折频率 $f_1$ | 57 Hz | | 低频段相位/(°) | 滞后 |
| | $f_1$ 点电路增益 | -3 dB | | 相位反相区间 | ≥18 kHz |
| | 0 dB 增益点频率 $f_c$ | 无法测试 | | 相位滞后区间 | ≤18 kHz |
| | $f_c$ 点幅度特性 | 无法测试 | | $f_c$ 点相位/(°) | 无法测试 |

# 第 5 章

# 数字电压表

## 5.1 概 述

模拟式电压表具有电路简单、成本低、测量方便等特点,但测量精度较差,特别是受表头精度的限制,即使采用0.5级的高灵敏度表头,读测时的分辨力也只能达到半格。再者,模拟式电压表的输入阻抗不高,测高内阻源时精度明显下降。数字电压表和电子计数器一样,作为数字技术的成功应用,发展相当快。数字电压表简称 DVM( DIGITAL VOLTMETER)。DVM 的问世,以其功能齐全、精度高、灵敏度高、显示直观等突出优点深受用户欢迎。特别是以 A/D 变换器为代表的集成电路为支柱,使 DVM 向着多功能、小型化、智能化方向发展。DVM 应用单片机控制,组成智能仪表;与计算机接口,组成自动测试系统。目前 DVM 都组成多功能式的,因此又称数字多用表,简称 DMM( DIGITAL MULTIMETER)。

### 5.1.1 DVM 的基本组成

DVM 是将模拟电压变换为数字显示的测量仪器,这就要求将模拟量变成数字量。这实质上是个量化过程,即连续的无穷多个模拟量用有限个数字表示的过程,完成这种变换的核心部件是 A/D 变换器,最后用电子计数器计数显示,因此 DVM 的基本组成是 A/D 变换加电子计数器,如图 5 - 1 所示。数字电压表最基本功能是测直流电压。考虑到仪器的多功能化,可将其他物理量,如电阻、电容、交流电压、电流等,都变成直流电压,因此还应有一个测量功能选择变换器,它包含在输入电路中。DVM 对直流电压直接测量,测量精度最高,其他物理量在变换成直流电压时,受功能选择变换器精度的限制,使测量精度下降。

须指出的是,图 5 - 1 将 DVM 分成模拟和数字两大部分,从框图上看 A/D 变换包含在模拟部分。这样划分并不严格,因为 A/D 变换器本身就具有数字电路的性质,特别是大规模集成化 A/D 是模拟与数字两系统相互结合,就连逻辑控制也集成在其中。

### 5.1.2 DVM 的分类

DVM 的分类方法很多,有按位数分的,如三位半、五位、八位;有按测量速度分的,如高速、低速;有按体积、重量分的,如袖珍式、便携式、台式。但最常用的是按 A/D 变换的方式不同,按 A/D 变换原理可分成两大类。

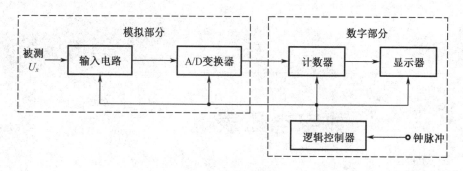

**图 5 - 1　DVM 的基本组成**

### 1. 直接转换型

直接转换型也称比较型。其原理是将被测电压与基准电压比较,在比较过程中被测电压被量化为数字量,直接用电子计数器计数,数字显示测量结果。其特点是:(1)测量速度快;(2)测量精度取决于标准电阻与基准源的精度,精度可以做得很高;(3)因为不是测的平均值,而是瞬时值,所以抗串模干扰的能力差。若增加输入滤波器,可提高抗干扰能力,但由于 $RC$ 时间常数增加,必然会降低测量速度。

### 2. 间接转换型

间接转换型又称积分型。其包括电压 - 频率变换($V - f$ 变换)和电压 - 时间变换($V - T$ 变换)两大类。$V - T$ 变换原理是用积分器将被测电压转换为时间间隔,然后用电子计数器在此时间间隔内累计脉冲数,用数字显示;$V - f$ 变换是将被测电压经过积分变为频率(计数脉冲),在标准闸门时间内累计脉冲数,用数字显示。这类 DVM 的特点是:(1)采用积分器具有测量平均值的特性,当积分时间为工频的整周期,混杂在直流里的电源频率及其谐波干扰被平均掉,因而它的抗干扰能力很强;(2)由于积分的结果提高了仪器的稳定性,从而显著地提高了精度;(3)也因为存在着积分过程,测量速度较慢。但总的看来,积分型是目前用得广泛、发展快的一种 DVM。

## 5.1.3　DVM 的工作特性

### 1. 测量范围

反映测量范围的指标是量程和显示位数。

(1)量程

DVM 有一挡基本量程,是 1:1 衰减量程。利用前置放大器和步进分压器,可扩展量程,并使量程步进分挡可调,下限可至 0.1 μV,上限可达 1 kV。

(2)位数

指 DVM 能完整地显示出数字的最大位数。能显示出 0 ~ 9 个数字的称一整位,不足的称半位。如显示"99999"为五位,显示"1999"为 $4\frac{1}{2}$ 位。可见,半位都是出现在最高位上。

### 2. 分辨力

它表示在最小量程上能够显示的被测电压的最小变化值,即显示器末位一个字所代表的电压值。例如最小量程 0.2 V,满量程示值为 20 000(五位),则分辨力 10 μV。

### 3. 输入阻抗

用 $R_i$ 和 $C_i$ 的并联值表示。在测直流电压时,$C_i$ 不予考虑;在测交流电压时,$C_i$ 会带来一些影响。目前的 DVM 测交流电压的频率都不高,所以 DVM 的 $C_i$ 较大,一般 $C_i < 100$ pF。而 $R_i$ 很大,至少大于 10 MΩ。

### 4. 测量速度

对被测电压每秒测量的次数,主要取决于 A/D 变换的速度。比较型的测量速度较高,可作到 50 μs;积分型的测量速度低,一般在 80 ms 左右。

### 5. 测量误差

DVM 的测量误差包括工作误差、稳定误差和影响误差等项,误差表达式为

$$\Delta U = \pm(\alpha\% U_x + \beta\% U_m) \tag{5-1}$$

或

$$\Delta U = \pm(\alpha\% U_x + n\ 个字) \tag{5-2}$$

其中,$U_x$ 读测值;$U_m$ 满度值;$\alpha\% U_x$ 为读数误差;$\beta\% U_m$ 为满度误差。$\beta\% U_m$ 和 $n$ 个字实际上是相同的,是与 $U_x$ 无关的系统误差,它取决于不同量程的满度值 $U_m$。

### 6. 抗干扰能力

由于 DVM 的高输入阻抗和高灵敏度,极易引起干扰,通常有串模干扰和共模干扰两种情况,分别如图 5 - 2 和图 5 - 3 所示。

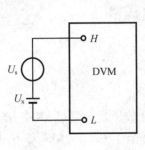

图 5 - 2　串模干扰

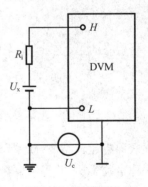

图 5 - 3　共模干扰

（1）串模干扰

串模干扰是指在仪器输入端叠加在被测电压上的交流干扰。干扰源可能来自被测电压，也可能来自外界；可能是交流，也可能是直流。例如屏蔽不良、电磁干扰、测试线的感应等。由于干扰电压是串联在测量回路中的，和被测电压处于同等地位，故引起的干扰是很严重的。DVM对串模干扰的抑制能力常用串模抑制比 SMR 来表示，SMR 定义为

$$SMR = 20\lg \frac{U_{sm}}{\Delta U_x} \text{ dB} \tag{5-3}$$

其中，$U_{sm}$ 串模干扰电压的峰值；$\Delta U_x$ 为因之而引起的读数误差的最大值。常用的抑制方法为：①采用输入滤波器，使进入测量线路的干扰信号减小；②采用积分技术把串模干扰抑制掉。一般干扰频率为工频，因此积分式 DVM 的采样周期取为工频的整数倍，使 SMR 大为提高，可达 60 dB。

（2）共模干扰

被测信号的地线与电压表地线（机壳）之间存在电位差 $U_c$ 时，它们产生的电流对高、低两根测试线都有干扰，这个干扰源 $U_c$ 称共模干扰。共模干扰 $U_c$ 串入到测试线中将转化为串模干扰，因此定义共模抑制比 CMR 为

$$CMR = 20\lg \frac{U_{cm}}{U_{sm}} \tag{5-4}$$

常用的抑制方法是采用浮地屏蔽技术，即仪器内部电路的地接机壳，两条测试线不设接地端，分别称为高($H$)端和低($L$)端。高、低端对地呈现比较大的阻抗，能起到良好的抑制效果。

### 5.1.4 DVM 中的 A/D 变换

作为模拟量和数字量的接口，A/D 变换和 D/A 变换被迅速推广应用，可以说它和计算机形影不离。在数字信号处理中，例如数字电视、数字音响、数字通信中，A/D 和D/A都是核心部件，DVM 中使用的 A/D，仅仅作为应用的一个方面。目前用在 DVM 中的A/D变换已有十余种方案，方案的实现正朝着单片集成化方向发展，各生产厂商相继开发出系列产品。以下各节将以 A/D 变换为核心部件，从原理上介绍 A/D 变换在 DVM 中的典型应用。

## 5.2 逐次逼近比较式 DVM

### 5.2.1 方案的基本组成

逐次逼近比较型 DVM(图5-4)如同电位差计那样以比较原理为基础，其工作过程可与天平称重物类比，并得到解释。图5-4 中的电压比较器相当于天平，被测电压 $U_x$ 相当于重物，基准电压 $U_r$ 相当于电压砝码。该方案具有各种规格的按 8421 编码的二进制电压砝码 $U_r$，根据 $U_x < U_r$ 和 $U_x > U_r$，比较器有不同的输出以打开或关闭逐次逼近寄存器的各位数值。输出从大到小的基准电压砝码，与被测电压 $U_x$ 比较，并逐渐减小其差值，使之逼近平

衡。当 $U_x = U_r$ 时,比较器输出为零,相当于天平平衡,最后以数字显示的平衡值即为被测电压值。

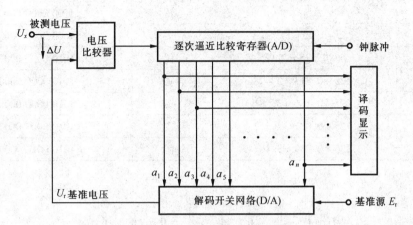

图 5 - 4　逐次逼近比较式 DVM 框图

逐次逼近寄存器实际上是一个 A/D 变换器,也是数码寄存器,其输出的二进制编码对应于 $U_x$ 的大小。逐次逼近寄存器输出的代码以并行的形式直接送到译码器、显示器来显示结果,而不必用计数器,所以测量速度高、节省计数电路。

解码开关实质上是个 D/A 变换器,是按 8421 编码的权电阻网络。该网络加有基准源 $E_r$ 与权电阻配合产生各种规格的电压砝码。逐次逼近寄存器输出的编码控制解码开关的各位,解码开关输出各种规格的二进制电压砝码。$U_r$ 是这一系列二进制电压砝码的叠加值。事实上,电压砝码正是 $E_r$ 量化的结果。电压砝码 $U_r$ 的表达式是

$$U_r = (a_1 \cdot 2^{-1} + a_2 \cdot 2^{-2} + \cdots + a_n \cdot 2^{-n}) E_r \tag{5-5}$$

被测电压和基准电压砝码的比较过程从最高位开始。基准电压砝码按从大到小的顺序逐个输出与 $U_x$ 比较,根据大者弃、小者留的原则,直到 $U_x = U_r$ 为止。这时逐次逼近寄存器输出的二进制编码经译码显示,即为待测电压值。

### 5.2.2　逐次逼近比较式 DVM 的比较过程

为简便计,设 DVM 为三位,对应逐次逼近比较寄存器为十二位,基准源 $E_r = 5$ V,则逐次逼近寄存器各位输出编码全为"1"时的电压砝码

$$U_r = \left( \frac{1}{2} + \frac{1}{4} + \frac{1}{8} + \cdots + \frac{1}{4\,096} \right) \times 5 = 5 \text{ V}$$

各位电压砝码分别为 2.5 V,1.25 V,0.625 V,$\cdots$,满量程为 5 V。今设输入被测电压 $U_x = 3.164$ V,$U_x$ 和电压砝码 $U_r$ 加到比较器,在时序脉冲作用下进行比较,时序脉冲分别记作 $CP_1$,$CP_2$,$\cdots$。注意到比较顺序是电压砝码从高位 $a_1$ 到低位 $a_{12}$,比较原则大者去、小者留,得到表 5 - 1 和图 5 - 5。

表 5−1   逐次逼近比较式 DVM 的比较过程

| 钟脉冲 | 电压砝码输出 | 比较结果 | 数码寄存器输出 |
|---|---|---|---|
| $CP_1$ | 2.500 V | 留 | 1000 0000 0000 |
| $CP_2$ | 2.5 + 1.25 = 3.750 V | 去 | 1000 0000 0000 |
| $CP_3$ | 2.5 + 0.625 = 3.125 V | 留 | 1010 0000 0000 |
| $CP_4$ | 3.125 + 0.313 = 3.438 V | 去 | 1010 0000 0000 |
| $CP_5$ | 3.125 + 0.156 = 3.281 V | 去 | 1010 0000 0000 |
| $CP_6$ | 3.125 + 0.087 = 3.212 V | 去 | 1010 0000 0000 |
| $CP_7$ | 3.125 + 0.039 = 3.164 V | 留 | 1010 0010 0000 |

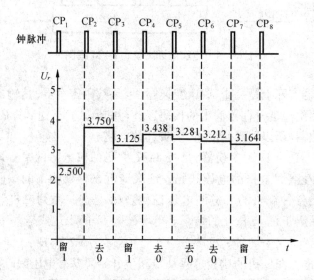

图 5−5   逐次逼近比较式 DVM 的工作波形

可见,一个测量周期由 12 个脉冲完成,但第七个脉冲到来,$U_x = U_r$,比较结束,数码寄存器输出代码 1010 0010 0000。其中码"1"表示该位的权电压值存在,码"0"表示该位权电压值为零,于是被测电压

$$U_x = U_r = 2.5 + 0.625 + 0.039 = 3.164 \text{ V}$$

逐次逼近比较式 DVM 的测量精度取决于基准源 $E_r$ 和 A/D 变换器的位数,测量速度取决于钟脉冲频率和各单元电路的工作速度,测量结果对应着瞬时值,因此抗干扰能力较差,测量速度高。

### 5.2.3   单片集成化逐次逼近比较式 A/D 变换器

从 20 世纪 70 年代后期,电子市场上已开始流行单片集成化的逐次逼近比较式 A/D 变换器,有双极型和 CMOS 型两类产品。双极型转换速度高,一般在 1 ~ 40 μs;CMOS 转换速度低,一般在 50 ~ 20 μs。典型的型号有:8 位的全 MOS 型有 ADC0801 ~ 0805,0808,0809;12 位混合型有 AD574A 高速 A/D 变换器;16 位 CMOS 型有 ADC1140 快速 A/D 转换器等。

这些芯片中的 ADC0808/09 应用居多。它与 0801~0805 相比,0801~0805 仅有一个模拟通道,而 0808/09 有 8 个模拟通道,适合于作多路信号采集。为实现 8 路模拟信号采集,芯片中设置 8 路模拟选通开关,并用 3 位地址码,经锁存器与译码器后,去控制一个模拟开关导通,使该路模拟信号进行转换。转换后的数据送入三态输出数据锁存器,以便以微机系统接口。芯片的时钟由外电路产生,频率 640 kHz,基准源为 5 V,亦由外电路提供。

## 5.3　脉冲调宽式 DVM

脉冲调宽式 DVM 是将被测电压转换成与之成比例的脉冲宽度差的 $V-T$ 变换式,属于积分型 DVM,其框图如图 5-6 所示,工作波形如图 5-7 所示。

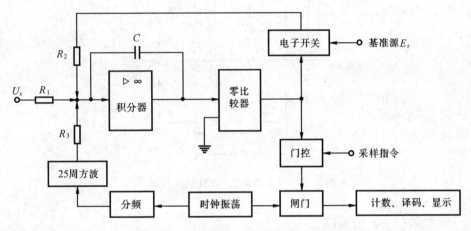

**图 5-6　脉冲调宽式 DVM 框图**

开机后,钟脉冲分别产生 25 Hz 方波 $\pm E_c$,相当于工作节拍加到积分器的输入端。实际上 $\pm E_c$ 也是决定系统重复周期的驱动电压,它使积分器进行正反向积分。积分器输出锯齿波加到零比较器,与零电平比较,零比较器在过零点输出脉冲。此脉冲有两个作用:一是控制门控电路打开或关闭闸门;二是控制电子开关,交替接入基准源 $\pm E_r$。如当积分输出大于零,接通 $+E_r$;积分输出小于零,接通 $-E_r$,切换点正是过零点。这时,积分器输入端是 $\pm E_r$、$\pm E_c$ 的叠加值,且 $\pm E_r$ 是对称方波,方波脉宽满足 $T_1 = T_2$。当加入 $U_x(U_x > 0)$,显然积分器输入端是 $\pm E_r$、$\pm E_c$、$U_x$ 三者叠加,使积分器输出过零点改变,不满足 $T_1 = T_2$。零比较器输出的过零脉冲控制 $E_r$ 的接入,所以 $\pm E_r$ 变成不对称方波。事实上,$\pm E_r$ 的平均值正好与 $U_x$ 相等,在一个周期 $T$ 内,积分输入叠加的三个波形的直流分量为零。由于 $U_x$ 的加入使 $\pm E_r$ 被 $U_x$ 调宽,即改变了 $\pm E_r$ 的宽度比 $T_1/T_2$。在节拍周期 $T$ 一定的情况下,若在 $T_2$ 时间内计数,由于 $T_2$ 能反映 $U_x$ 之大小,由此实现了 A/D 转换。

以上叙述可定量解析如下:

在系统取得平衡的状态下,积分电容充放电应相等,有

$$\frac{U_x}{R_1}T + \frac{E_r}{R_2}T_1 - \frac{E_r}{R_2}T_2 = 0 \tag{5-6}$$

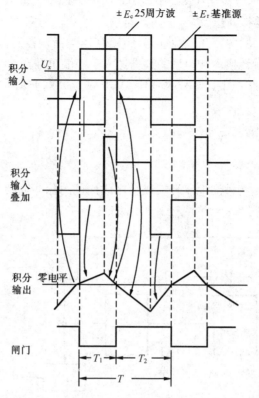

**图 5 - 7　脉冲调宽式 DVM 的工作波形**

当 $R_1 = R_2$ 时,式(5 - 6)改写成

$$U_x T = E_r(T_2 - T_1) \qquad (5-7)$$

则

$$U_x = \frac{T_2 - T_1}{T} E_r = 2\frac{E_r}{T}\left(T_2 - \frac{1}{2}T\right) \qquad (5-8)$$

从式(5 - 8)可知,当 $T$ 一定时,$U_x$ 与 $T_2$ 成比例,从而实现 $V - T$ 转换。当 $U_x$ 变化时,积分输出的过零点改变,则 $T_2$ 随之改变,在 $T_2$ 期间计数即为 $U_x$ 值。脉冲调宽式 DVM 的精度主要取决于 $E_r$、$R_1$、$R_2$、$C$,而与节拍电压 $E_c$ 无关。

# 5.4　双积分式 DVM

## 5.4.1　双积分式 DVM 的基本方案

双积分式 DVM(图 5 - 8)属于 $V - T$ 变换式,其基本原理是在一个测量周期内,首先将被测电压 $U_x$ 加到积分器的输入端,在确定的时间内(采样时间)进行积分,也称定时积分;然后切断 $U_x$,在积分器的输入端加与 $U_x$ 极性相反的标准电压 $U_r$,由于 $U_r$ 一定,所以称定值积分,但积分方向相反,直到积分输出达到起始电平为止,从而将 $U_x$ 转换成时间间隔进行测量。而对时间间隔的测量技术已很成熟,只要用电子计数器累计此时间间隔的脉冲数,即为 $U_x$ 之值。工作波形如图 5 - 9 所示(设 $U_x$ 为负)。

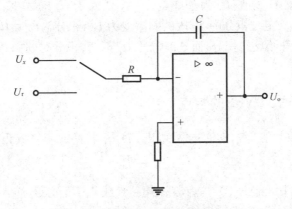

图 5 - 8　积分器的电路模型

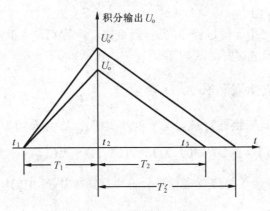

图 5 - 9　积分输出波形

第一次积分,对 $U_x$ 定时积分,定时时间为 $t_1 \sim t_2$ 段,记为 $T_1$,积分输出

$$U_o = -\frac{1}{RC}\int_{t_1}^{t_2}(-U_x)\,\mathrm{d}t = \frac{T_1}{RC}U_x \tag{5-9}$$

由于 $R$、$C$、$T_1$ 一定,故 $U_x$ 代表了斜率。

第二次积分,对 $U_r$ 定值积分,积分时间 $t_2 \sim t_3$ 段,记为 $T_2$,积分输出

$$U_o = -\frac{1}{RC}\int_{t_2}^{t_3}U_r\,\mathrm{d}t = -\frac{T_2}{RC}U_r \tag{5-10}$$

两次积分后 $U_o = 0$,则

$$\frac{T_1}{RC}U_x = \frac{T_2}{RC}U_r$$

解得

$$U_x = \frac{T_2}{T_1}U_r \tag{5-11}$$

若用计数器在 $T_1$、$T_2$ 时间间隔内计数,计数脉冲周期为 $T_0$,计数值分别为 $N_1$、$N_2$,则

$$U_x = \frac{N_2}{N_1}\frac{T_0}{T_0}U_r = \frac{N_2}{N_1}U_r \tag{5-12}$$

其中,$N_1$ 为定时时间的计数值;$U_r$ 为基准电压;$N_2$ 代表了 $U_x$ 的大小。当 $U_x$ 变化时,例如 $U_x$ 变成 $U'_x$,且 $U'_x > U_x$,定时积分的 $T_1$ 段的斜率变为 $U'_x$,积分输出为 $U'_o$。在定值积分的 $T_2$ 段,积分起始点从 $U'_o$ 开始反向积分,而基准电压 $U_r$ 不变,积分时间由 $T_2$ 变成 $T'_2$,所以反向积分的斜率不变。

### 5.4.2　双积分式 DVM 的特点

(1)从 A/D 变换的角度看,它通过两次积分将 $U_x$ 转换成与之成正比的时间间隔,故又称 $V-T$ 变换式。

(2)从 $U_x = \frac{N_2}{N_1}U_r$ 中可见,$N_1$、$U_r$ 均为常量,电路参数 $R$、$C$、$T_0$ 没出现在式中,表明测量精度与 $R$、$C$、$T_0$ 无关,从而降低了对 $R$、$C$、$T_0$ 的要求。事实上,是由于两次积分抵消了 $R$、$C$、$T_0$ 的影响。

(3)积分器时间常数较大,具有对 $U_x$ 的滤波作用,消除了 $U_x$ 中的干扰,故双积分式 DVM 具有较强的抗干扰能力。

(4)由于积分过程是个缓慢过程,降低了测量速度。特别是为抑制工频干扰,常选积分周期为工频的整数倍,测量速度很低。

### 5.4.3　单片集成化双积分 A/D 变换器

目前,双积分式 A/D 变换器普遍实现了单片集成化,在普及型 DVM 中应用最为广泛。常见的型号:$3\frac{1}{2}$ 位有 ICL-7106,7107,7116,7126,7136,MC14433,MAX138,139,140;$4\frac{1}{2}$ 位的有 ICL7135,7129 等。单片集成式双积分芯片及其在 DVM 中的应用将在后面结合具体机型作详细介绍。

### 5.4.4　双积分式 DVM 的时序逻辑控制

双积分式 DVM 完成一个测量周期要经过准备、采样、测量三个阶段。下面以时序逻辑控制图(图 5-10)和波形图(图 5-11)进行讨论。

1. 准备阶段 $t_0 \sim t_1$

$t = t_0$ 时,逻辑电路发复位脉冲,一方面使 $K_4$ 接通,积分电容 $C$ 放电,积分输出 $U_o = 0$;另一方面使计数器清零。必须说明的是在单片芯片中,准备阶段也是自校零阶段。

2. 采样阶段 $t_1 \sim t_2$

$t = t_1$ 时,逻辑控制发采样脉冲(手动或自动),产生两个动作:一是 $K_1$ 通,接入 $-U_x$,积分器正向积分;二是开闸门,宽度为 $T_0$ 的钟脉冲经闸门去计数器计数。设计数容量为 5 999,$t = t_2$ 时计数值为 $N_1 = 6\ 000$,计数器溢出,发出溢出脉冲。逻辑控制电路接受此指

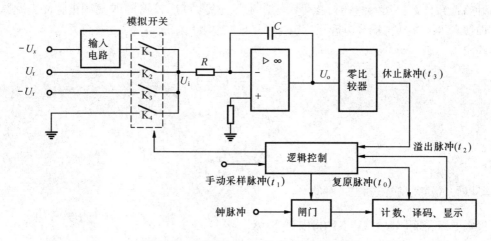

**图 5 – 10　双积分式 DVM 的时序逻辑控制**

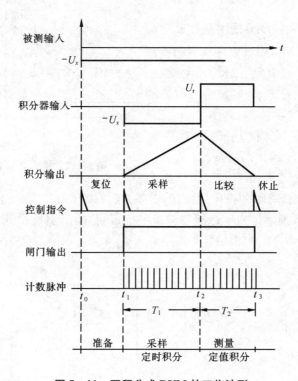

**图 5 – 11　双积分式 DVM 的工作波形**

令,使 $K_1$ 断、$K_2$ 通,接入基准 $U_r$,且计数器清零。这一段积分输出 $U_{o1} = -\dfrac{T_1}{RC}U_x$。由于 $T_1 = t_2 - t_1$ 固定,所以称定时积分,定时时间 $T_1 = N_1 T_0$。

3. 测量阶段 $t_2 \sim t_3$

又称比较阶段。在 $t = t_2$ 时刻接入 $U_r$ 后,积分器反向积分,计数闸门仍开启,但计数器从零开始重新计数。当 $t = t_3$ 时,积分器输出电压过零,零比较器随即发休止脉冲。此脉冲一方面使 $K_2$ 断、$K_4$ 通,积分电容迅速放电,为下一次测量做准备;另一方面关闸门。于是积分器输出为

$$U_o = U_{o1} - \frac{T_2}{RC}U_r = 0 \qquad\qquad (5-13)$$

则求得

$$\frac{T_1}{RC}U_x = \frac{T_2}{RC}U_r$$

$$U_x = \frac{T_2}{T_1}U_r = \frac{N_2}{N_1}U_r \qquad\qquad (5-14)$$

$t_3$ 时刻以后又重复前述过程。

### 5.4.5 双积分式 DVM 的电路技术

#### 1. 模拟开关和积分器的隔离电路

由图 5-10,实现两次积分是用开关 $K_1 \sim K_4$ 切换,这里 $K_1 \sim K_4$ 是用 CMOS 电路构成的模拟开关。模拟开关的接通电阻一般为几十欧姆,分别记作 $R_{k1}$ 和 $R_{k2}$。若 $R_{k1} = R_{k2}$,两次积分的时间常数相等,不会产生误差;若 $R_{k1} \neq R_{k2}$,显然会产生误差,这时,定时积分时间常数为 $(R + R_{k1})C$,定值积分时间常数为 $(R + R_{k2})C$。若 $R_{k2} > R_{k1}$,定值积分时间由 $T_2$ 变为 $T'_2$,如图

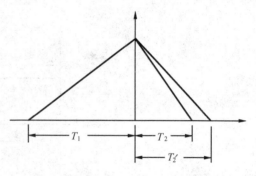

图 5-12 模拟开关引起的积分误差

5-12 所示。为克服模拟开关内阻所引起的误差,在模拟开关和积分器之间插入一级跟随器作隔离,如图 5-13 所示。由于跟随器输入阻抗很高,输出阻抗很低,设输出电阻为 $R_o$,则积分时间常数 $(R + R_o)C$,与模拟开关内阻 $R_{k1}$、$R_{k2}$ 无关。

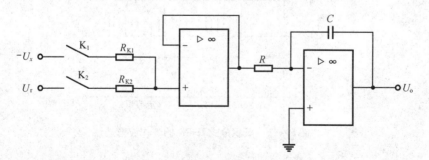

图 5-13 电压跟随器的隔离作用

#### 2. 自调零电路

众所周知,凡有源器件都存在各种漂移,当输入为零时,输出不为零。在测量仪表中的各种漂移都以测量误差表现出来。积分器和比较器由于采用运算放大器,不可避免地存在

失调电压,分别记作 $\Delta U_1$、$\Delta U_2$。首先,假定积分器存在失调电压 $\Delta U_1$,且 $\Delta U_1 < 0$,$\Delta U_1$ 引起的积分输出与 $U_x$ 引起的积分输出叠加,使定值积分时间由 $T_2$ 变为 $T_2'$,如图 5-14 所示。若比较器存在失调电压 $\Delta U_2$,且 $\Delta U_2 < 0$,使定值积分的终止点由零点变为 $\Delta U_2$ 点,亦造成积分时间由 $T_2$ 变为 $T_2'$,如图 5-15 所示。

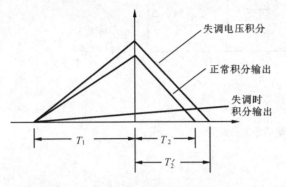

失调电压积分

正常积分输出

失调时积分输出

图 5-14　积分器失调电压引起的误差

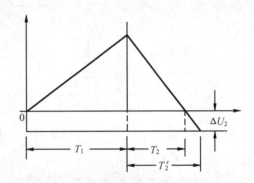

图 5-15　比较器失调电压引起的误差

补偿失调电压实际上是调零技术,即输入 $U_x = 0$ 时数字显示亦为零。在 DVM 中,采用的是自动调零,即在 A/D 转换之前,将积分器、比较器的失调电压抵消。自动调零电路如图 5-16 所示。在 A/D 转换之前,$K_3$、$K_4$ 闭合,得简化电路如图 5-17 所示。在积分器输入端列方程,有

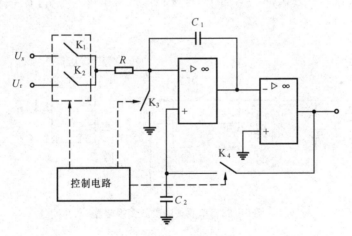

图 5-16　自动调零电路

$$\Delta U_1 + U_{o2} = 0 \tag{5-15}$$

在比较器输入端列方程有

$$\Delta U_2 = U_{o1} \tag{5-16}$$

$U_{o1}$、$U_{o2}$ 分别是积分器、比较器的输出。可见,在积分电容 $C_1$ 上充有比较器的失调电压 $\Delta U_2$,而在补偿电容 $C_2$ 上充有积分器的失调电压 $\Delta U_1$。此后,$K_3$、$K_4$ 断开,A/D 转换开始,接入 $U_x$,这时积分器的失调电压被 $C_2$ 上的电压抵消。又由于积分电容 $C_1$ 上充有比较器的失调电压 $\Delta U_2$,积分器的输出恰好从偏离比较器的失调电压处开始,使比较器的失调电压被抵消。

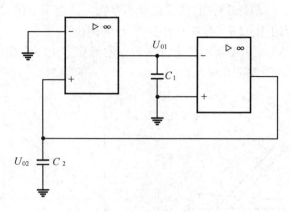

图 5-17　自动调零简化电路

### 3. 单双基准电源变换电路

定值积分期间要接入与 $U_x$ 极性相反的正或负基准源,对基准源的要求是很严格的,例如要选用两支参数一致的稳压元件,这是较难实现的。因此,设想采用一个基准电源,用变换电路将单基准变为双基准,这在集成化 A/D 变换中较易实现。图 5-18 给出一种方案,它是利用基准电容 $C_r$ 产生负基准源。在定时积分期间,$K_2$ 接通,使 $C_r$ 充有基准电压 $U_r$。在定值积分期间,若 $U_x$ 为正,$K_2$、$K_3$ 断开,$K_4$ 接通,相当于接入 $-U_r$;若 $U_x$ 为负,$K_4$ 断开,$K_2$、$K_3$ 接通,接入 $+U_r$。

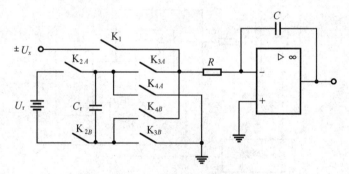

图 5-18　单双基准电源变换电路

## 5.5　电荷平衡式 DVM

这是一种 $V\text{-}f$ 变换式,它基于电荷平衡原理,即在积分过程中,从基准源取走的电荷与输入电压充入的电荷相等,达到积分电容上的电荷平衡。

### 5.5.1 工作原理

如图 5-19 所示,设初始状态 K 断开,输入 $+U_x$,积分器 $A_1$ 对 $U_x$ 积分,积分输出 $U_o$ 线性下降,当达到零比较器 $A_2$ 的比较电平时(地),零比较器翻转,触发单稳定时器。单稳输出使 K 接通,积分电容以恒流 $I_o$ 放电,积分输出线性上升。设单稳的暂稳态时间为 $t_0$, $t_0$ 结束后,K 断开,积分器又对 $U_x$ 积分。以后便重复前述过程,形成自由振荡。显然,这是一种闭环式的多谐振荡器。单稳输出一定频率的脉冲,工作波形如图 5-20 所示。输出脉冲的频率和 $U_x$ 持何关系呢? 根据电容充放电电荷量相等原理(电荷平衡),电路设计上又满足 $I_o \gg \dfrac{U_x}{R}$ 及 $T \gg t_0$,则有

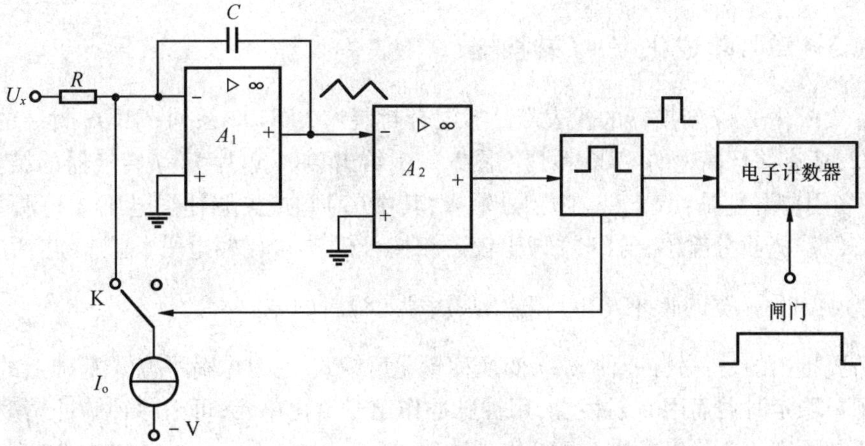

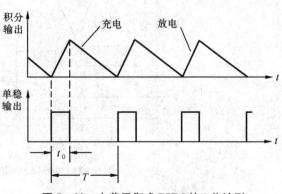

图 5-19 电荷平衡式 DVM 框图

$$I_o t_0 = \frac{U_x}{R} T \qquad\qquad (5-17)$$

解得

$$f = \frac{1}{T} = \frac{1}{I_o R t_0} U_x \qquad\qquad (5-18)$$

$f$ 作为计数脉冲送到电子计数器计数显示,即为 $U_x$ 值。

### 5.5.2 主要特点

(1) 当 $I_o$, $R$, $t_0$ 一定时,$f$ 正比于 $U_x$。从这个意义上讲 $V-f$ 变换器又是一种压控振荡器,其下限频率从零开始,且 $f$, $U_x$ 呈线性关系。一般选 $R$ 调整定度系数,以满足 $V-f$ 转换的传输比。

图 5-20 电荷平衡式 DVM 的工作波形

(2)转换精度与 $I_0$、$R$、$t_0$ 有关,亦与钟脉冲有关,这就要求 $I_0$、$R$、$t_0$ 及钟脉冲必须准确而稳定。

(3)转换速度与精度两项指标不能兼顾。若计数周期长,转换精度高,但转换速度慢,反之亦然。为保证精度,转换速度较慢。

(4)具有良好的抗干扰性,能滤除被测信号中的噪声。门控计数时间可方便地改变和设定,若选为工频的整数倍,可抑制工频干扰;亦可选为某干扰频率上,故特别适合干扰严重的现场测试。

(5)由于 $V$-$f$ 转换输出的计数脉冲直接送计数器,无需复杂的控制,因此线路简单,易于集成。

(6)$V$-$f$ 转换输出的脉冲可调制在射频信号上发射出去,进行无线传输,实现遥测;亦可用光纤传输,不受干扰。

### 5.5.3 单片集成化 $V$-$f$ 转换器

单片集成化 $V$-$f$ 转换器的代表产品有混合封装的 DL8100 系列;CMOS 封装的 9400 和 ADVFC32;还有并行高速的 8700 系列。图 5-21 给出 9400 单片 $V$-$f$ 转换器的结构图。图 5-21 中各引脚分别是:(2)、(3)脚积分输入,其中(2)脚接失调补偿电压,(3)脚接积分电阻、电容;(12)脚积分输出,与(11)脚比较器相接;(6)脚接比较电平(地)。芯片有两种输出,(8)脚输出 $3\mu s$ 宽的脉冲,(10)脚输出频率为(8)脚的 $\frac{1}{2}$。

最后要指出的是:另有一种 $V$-$f$ 变换称量化反馈式,它是电荷平衡式基础上的改进型,它取消了单稳定时器而用 D 触发器,用钟脉冲作定时量化单元,可消除钟脉冲精度的影响。用量化反馈原理的单片集成块有 LD110、LD130 等。

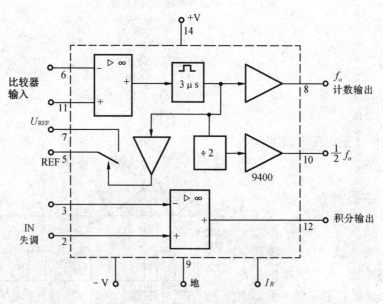

图 5-21  9400A/D 变转器结构

# 5.6　斜坡式 DVM

　　斜坡式 DVM 应用较早,即不属于积分型,也不属于比较型,是一种特殊的 $V-f$ 转换型。它的转换原理很简单,图 5-22 和图 5-23 分别为其框图和工作波形。其原理是控制指令启动锯齿波发生器开始扫描并使计数器清零,锯齿波发生器输出线性良好的锯齿波。当锯齿波电压等于零电平时,零比较器输出脉冲开闸门,计数器对钟脉冲计数;当锯齿波电压等于 $U_x$ 时,信号比较器输出脉冲关闸门,计数停止。当 $U_x$ 变化时,相当于比较电平变化,于是关门脉冲发

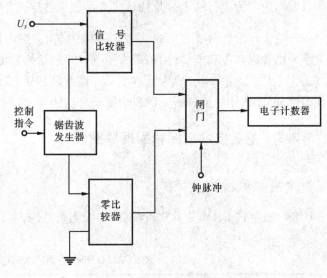

图 5-22　斜坡式 DVM 框图

生变化,闸门时间改变,计数值亦发生变化。所以计数脉冲代表了 $U_x$ 的大小。斜坡式 DVM 的特点是电路结构简单,容易实现,其精度取决于锯齿波线性度和钟脉冲的稳定度,抗干扰能力较差,各项指标均不如前面介绍的 DVM。

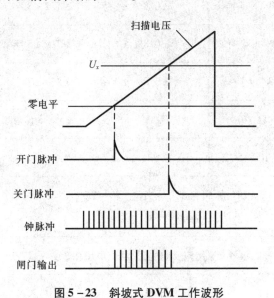

图 5-23　斜坡式 DVM 工作波形

# 5.7 DT890 型数字万用表

目前国内广为流行的 $3\frac{1}{2}$ 位袖珍式液晶显示数字万用表是 DT800 系列,它以美国英特尔(Intersil)公司研制的单片集成 A/D 转换器为核心,国内许多厂家都组装生产。DT800 系列数字万用表以其多功能、使用携带方便、微功耗、价格低廉而深受人们的欢迎,从事电子或电气工作者几乎人手一块,成为基本工具。该系列包括 DT830,840,860,890,其中 DT890 具有代表性,因此选作机型分析。DT890 属于多功能表,简称 DMM。

## 5.7.1 主要技术指标和原理框图

### 1.主要技术指标

DT890 数字式 DMM 共有 9 种功能 33 个测量范围,主要技术指标见表 5 – 2。

表 5 – 2　DT890 主要技术指标

| 功能 | 测量范围 | 准确度 | 分辨力 |
|---|---|---|---|
| DCV | 200 mV ~ 1 000 V　5 挡 | ( ±0.5% ±1 字) ~ ( ±0.8 ±2 字) | 100 μV ~ 1 V |
| ACV | 200 mV ~ 700 V　5 挡 | ( ±0.8% ±3 字) ~ ( ±1.2 ±3 字) | 100 μV ~ 1 V |
| DCA | 0.2 mA ~ 10 A　4 挡 | ( ±0.8% ±1 字) ~ ( ±2% ±5 字) | 1 μA ~ 10 mA |
| ACA | 2 mA ~ 10 A　4 挡 | ( ±0.8% ±3 字) ~ ( ±3% ±7 字) | 1 μA ~ 10 mA |
| Ω | 200 Ω ~ 20 MΩ　6 挡 | ( ±0.8% ±3 字) ~ ( ±5% ±10 字) | 0.1 Ω ~ 100 kΩ |
| 电容 | 2 000 pF ~ 20 μF　5 挡 | ±2.5% ±3 字 | 1 pF ~ 16 nF |
| $h_{FE}$ | PNP 型、NPN 型　　$h_{FE} = 0 \sim 1\,000$ <br> $I_b = 10$ μA　　$U_{ce} = 2.8$ V | | |
| 二极管 | 测二极管 PN 结正反向电阻,反向电压 2.8 V | | |
| 检查通断 | 峰鸣器叫声 | | |

## 2. 原理框图

如图 5 - 24 所示,从框图中可见,DC 电压和电流可直接进行 A/D 变换,也是最基本的测量功能。而 AC 电压和电流的测量要经过交直流变换,电阻、电容的测量则要转换为直流电压才能进行测量。

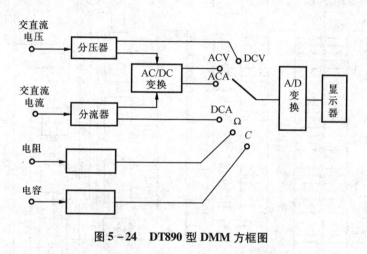

**图 5 - 24　DT890 型 DMM 方框图**

DT890 型 DMM 的电原理图见附图 10。

### 5.7.2　A/D 转换芯片介绍

DT890 型 DMM 采用的是 $3\frac{1}{2}$ 位 CMOS 双积分式 A/D 转换器。该芯片的系列产品较多,型号有 ICL7106,7107,7116,7126,7136。上述各芯片的内部电路、引脚功能基本相同,主要技术指标相同,仅个别指标不同。如 7106,7116,7126,7136 可驱动 LCD 数码管,属低功耗型,用 9V 叠层电池供电即可,适于作袖珍式仪表;7107,7117 输出电流较大,能驱动 LED 数码管,显示亮度高,用 ±5V 电源供电、适于作台式仪表。此外 7116,7117 具有数据保持功能。DT890 型 DMM 用的是 7136 或 7106,图 5 - 25 是 7106 内框图和少量外围元件。内框图分模拟和数字两部分:模拟部分的主要单元是缓冲隔离器 $A_1$、积分器 $A_2$、比较器 $A_3$ 和模拟开关;数字部分的主要单元是时序逻辑控制、计数、译码、驱动。具体分析如下。

### 1. 芯片的工作时序

芯片工作分三个阶段,即自校零 $T_0$、定时积分(采样)$T_1$、定值积分(比较)$T_2$。三个阶段为一个测量周期,每个周期包括 4 000 个钟脉冲,钟脉冲周期 $T_{CP} = 0.1$ ms,其工作时序分配如图 5 - 26 所示。时序分配的意义是:

(1)定时积分 $T_1$ 占用 1 000 个钟脉冲,定值积分 $T_2$ 占用 0 ~ 2 000 个钟脉冲,其中 2 000 对应着定值积分的满量程值。由双积分的基本关系式

$$U_x = \frac{N_2}{N_1}U_r = \frac{2\ 000}{1\ 000}U_r = 2U_r \tag{5 - 19}$$

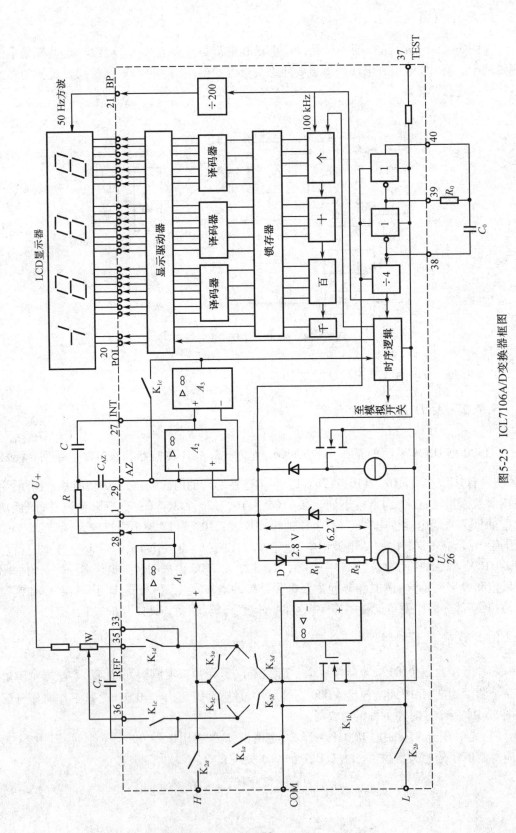

图 5-25  ICL7106A/D 变换器框图

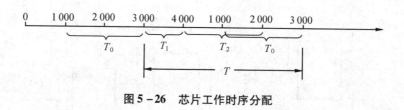

**图 5-26　芯片工作时序分配**

可见,被测电压的满量程值是基准电压的 2 倍。一般 $U_r$ 取 100 mV,则 DCV 的基本量程便是 $2 \times 100 = 200$ mV。

（2）在满量程的情况下,$T_0 = 1\ 000 T_{CP} = 100$ ms,$T_1 = 1\ 000 T_{CP} = 100$ ms,$T_2 = 2\ 000 T_{CP} = 200$ ms,一个测量周期 $T = T_0 + T_1 + T_2 = 4\ 000 T_{CP} = 400$ ms,恰为电网周期的整数倍,可以抑制电网引起的串模干扰。

（3）定值积分时间和自校零时间不固定,随被测信号而变化。在 $U_x$ 恰为满量程 200 mV 时,$T_2 = 2\ 000 T_{CP} = 200$ ms,自校零 $T_0 = 100$ ms。当 $U_x$ 不是满量程时,例如 $U_x = 125$ mV 时,由 $U_x = \dfrac{N_2}{N_1} U_r$,解出 $N_2 = \dfrac{U_x}{U_r} T_1 = \dfrac{125}{100} \times 1\ 000 = 1\ 250$,则 $T_2 = 1\ 250 T_{CP} = 125$ ms,于是自校零 $T_0$ 占用的脉冲从 1 250～3 000,共 1 750 个脉冲,对应时间是 $T_0 = 1\ 750 T_{CP} = 175$ ms。

上述工作时序是由芯片时序逻辑电路的指令控制模拟开关完成的。

### 2.芯片工作过程

芯片工作的过程实际上是模拟开关在逻辑电路的控制下接通和断开有关电路,完成预定的动作。与前述时序对应,分三个阶段:

（1）自校零 $T_0$ 段

$K_1$（$K_{1a} \sim K_{1e}$）闭合,$K_3$ 中的 $K_{3a}$ 或 $K_{3d}$ 闭合,其他开关断开,可起三个作用:一是将输入的高端 $H$、低端 $L$ 短接到模拟地 COM 端,使输入为零;二是由 $W$ 上取出基准电压 $U_r$,对基准电容 $C_r$ 充电,单基准源变成双基准源;三是进行自校零,自校零的等效电路如图 5-27 所示。此等效电路与前面所述的自校零电路略有不同,但原理是一样的。设 $A_1$、$A_2$、$A_3$ 的失调电压分别为 $\Delta U_1$、$\Delta U_2$、$\Delta U_3$,由于 $A_1$ 是跟随器,所以其失调电压 $\Delta U_1$ 出现在输出端,与 $A_2$ 的失调电压 $\Delta U_2$ 叠加到自校零记忆电容 $C_{AZ}$ 上,即 $U_{C_{AZ}} = \Delta U_2 - \Delta U_1$。而积分电容两端的电压是 $U_{C_{AZ}}$ 和 $\Delta U_3$ 叠加,即 $U_C = U_{C_{AZ}} - \Delta U_3 = \Delta U_2 - \Delta U_1 - \Delta U_3$。这样,使 $C_{AZ}$ 和 $C$ 上记忆上运放的失调电压。

（2）定时积分 $T_1$ 段

$K_2$（$K_{2a}$,$K_{2b}$）接通,其他开关断开,引入被测电压 $U_x$,对 $U_x$ 进行积分,得到的等效电路如图 5-28 所示。由于 $C$ 和 $C_{AZ}$ 上已存有 $A_1$,$A_2$,$A_3$ 的失调电压,恰好抵消了运放失调电压的影响。

（3）定值积分 $T_2$ 段

逻辑电路判断 $U_x$ 的极性。若 $U_x$ 为负,则 $K_{1b}$、$K_{1c}$、$K_{1d}$ 和 $K_{3c}$、$K_{3d}$ 通,接入由 $W$ 上取出的正基准 $U_r$,无非是 $U_x$ 换成 $U_r$ 而已;若 $U_x$ 为正,则 $K_{1c}$、$K_{1d}$、$K_{3c}$、$K_{3d}$ 断开,而 $K_{1b}$、$K_{3a}$、$K_{3b}$ 通,接入 $C_r$ 上存储的电压 $-U_r$。无论接入正或负基准,积分器均反向积分到零,比较器 $A_3$ 动作,发出脉冲送到逻辑电路,逻辑电路再发出指令,使模拟开关回到初始状态。

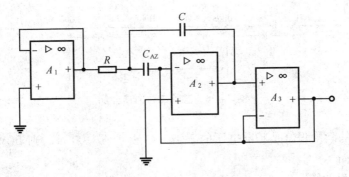

图 5 – 27　自校零的等效电路

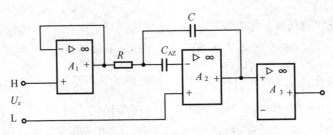

图 5 – 28　对 $U_x$ 进行积分的等效电路

### 3. 时钟脉冲发生器

由于双积分式的转换精度与时钟无关,所以 7106 不必采用晶体振荡器,只要采用阻容多谐振荡器即可。振荡器是由芯片内的两个非门外接 $R_0$、$C_0$ 组成的多谐振荡器,振荡频率

$$f_0 = \frac{1}{2.2 R_0 C_0} \tag{5-20}$$

为提高抗干扰能力,选 $R_0$、$C_0$ 使 $f_0$ 与电网频率呈整数倍关系,一般 $f_0 = 40$ kHz。时钟发生器输出 40 kHz 信号经四分频变为 10 kHz 分三路输出:一路去电子计数器,作为计数脉冲,即 $T_{CP} = 0.1$ ms 的钟脉冲;二路去时序逻辑电路作为工作节拍;三路经 200 分频得 50 Hz 方波作液晶显示器背电极驱动。当然时钟脉冲产生方式也可采用外部时钟或石英振荡。若采用外时钟,只要在芯片(40)脚加峰值 5 V 信号即可,经芯片内两级反相器放大整形便为时钟;若用晶振作时钟,只要将晶体接在(39)、(40)脚即可。

### 4. 电子计数器

其包括计数、锁存、译码、七段输出、驱动。计数器采用"8421"编码,有个、十、百三个二 – 十进制计数器,级联使用,每位计数器有四个触发器。另有千位计数器是"半位",只能显示数字 1,所以用一个触发器即可。锁存器亦采用触发器组成,受逻辑电路锁存指令控制,锁存指令到来,只接收代码而不输出。解锁指令到来才将代码送译码器。译码器完全是由门电路搭成的组合逻辑电路,将 BCD 码译成七段码笔画。译码输出的笔画码加到 LCD 的笔画电极,另有 50 Hz 方波加到 LCD 的背电极。LCD 某段笔画的显示,是由笔画信号和背电极的相位共同决定,图5-29是异或门组成的LCD驱动电路。由图可见,异或门的输入端是段位信号和50 Hz方波相异或。例如要显示数字2,即要求$a$、$b$、$g$、$e$、$d$亮,这时只要译码器输$a,b,g,e,d$段位呈"1"电平,而另一端是50 Hz方波,则异或的结果是50 Hz方波被反相,与背电极的50 Hz方波形成电位差,使$a$、$b$、$g$、$e$、$d$段亮。而$c$、$f$段位呈低电平"0",与50 Hz方波相异或的结果是50 Hz方波相位不变,与背电极的50 Hz方波无电位差,故$c$,$f$端消隐,于是显示数字2。

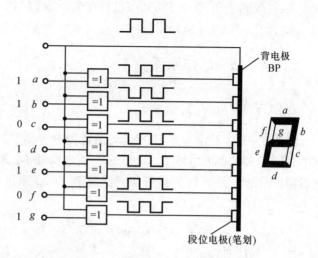

图5-29 异或门LCD驱动电路

### 5.时序逻辑控制电路

时序逻辑控制电路接受比较器的过零脉冲和计数器的溢出脉冲,经处理后输出四个指令:一是各模拟开关的控制信号,使模拟开关按规定时序切换;二是闸门信号,控制计数脉冲的个数;三是判断被测电压的极性,输出"+""-"号控制;四是超量程控制,超量程时,千位显示"1",其余数码消隐。

### 6.芯片的基准源

芯片内6.2 V稳压管可产生高精度基准电压,并在二极管$D$和电阻$R_1$两端得2.8 V基准电压,作为定值积分的内基准。注意到2.8 V是(1)脚($U_+$)和(32)脚(COM)之间的电压。

### 7.芯片引脚功能

如图5-30。各引脚功能是:(1)、(26)脚接9 V电源;(2)~(18)、(22)~(25)是个、十、百位七段笔画输出驱动信号,分别接LCD对应的笔画电极:(19)脚千位笔画驱动信号,接LCD千位电极,超量程时,千位显示1,其余数码消隐;(20)脚负号驱动;(21)脚背电极驱动;(30)、(31)脚被测电压输入;(32)脚模拟地,接被测信号的负端;(27)脚积分电容输出端;(28)脚缓冲器输出端,接积分电阻;(29)脚自调零端,接自调零电容;(33)、(34)脚负基准端,接基准电容;(35)、(36)脚正基准端,接正基准电压;(37)脚测试点,也是数字地,该端与(1)

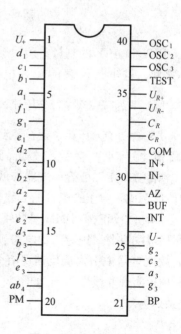

图5-30 ICL7106引脚

脚短接后,数码全亮,显示 1888,用以检查驱动器和 LCD;(38)、(39)、(40)脚时钟振荡,接 RC 定时元件,亦可在(38)脚接外时钟。

### 5.7.3 整机工作原理

#### 1. DCV 和 ACV 测量单元

如图 5 – 31。被测电压 $U_x$ 一律经衰减器变为小于 200 mV 的电压。由 $U_x = 2U_r$,显然加到芯片(36)脚的基准电压 $U_r = 100$ mV,由电位器 $W_7$ 调整满足,$W_7$ 即为基本量程 200 mV 挡的满度校准。由于 $U_r$ 直接影响测量精度,故 $W_7$ 采用多圈电位器,由厂家调好。

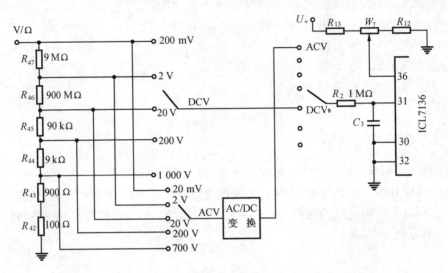

**图 5 – 31 DCV,ACV 测量单元等效电路**

DCV 和 ACV 的测量共用一套电阻衰减器,衰减器分五挡,总电阻 $R_{总} = 10$ MΩ($R_{42} \sim R_{47}$ 之和),这也是仪表的输入电阻。每挡分压比很容易求出,例如 200 mV 挡,分压比 $K_1 = 1$,1∶1 衰减;2 V 挡,分压比 $K_2 = \dfrac{R_{总} - R_{47}}{R_{总}} = \dfrac{10 - 9}{10} = \dfrac{1}{10}$……以此类推,得到 20 V、100 V、1 000 V 诸挡的分压比。但注意到 ACV 只能测到 700 V,这是由于 ACV 如若测到 1 000 V,其峰值达 1 414 V,会引起过载。此外,ACV 的测量要经过 AC/DC 变换。由第 1 章电子电压表中所述知,用二极管检波器加低通滤波,可实现 AC/DC 变换,输出直流电压与交流电压平均值成正比。由于二极管的非线性,检波电路存在非线性失真。在指针式电表中,可用非线性刻度补偿校正,但 DMM 是数字显示,不能采用非线性刻度,故要求 DMM 的交直流变换必须是线性的,要采用专门的电路,从根本上校正二极管的非线性。根据放大电路的基本原理知,放大电路中引入负反馈可有效地改善非线性失真,如将负反馈和二极管整流电路相结合,便可实现非线性整流,如图 5 – 32 所示。图 5 – 32(a)为电压串联负反馈放大器,其基本关系式为

$$U_o = \frac{A_o}{1 + A_o F} U_i \approx \frac{1}{F} U_i = \frac{R_1 + R_2}{R_2} U_i \tag{5 – 21}$$

其中, $A_o$ 为开环增益; $F$ 为反馈系数。结论是在 $A_oF \gg 1$ 条件下得出的, 它说明该电路中 $U_o$ 与 $U_i$ 仅取决于 $R_1$、$R_2$, 与非线性因素无关。将这种放大器与整流电路结合, 得到线性半波整流图 5 - 32(b)。与图 5 - 32(a) 比较, 在反馈电路中增加 $D_1$、$D_2$, 反馈电阻 $R_1$ 改为 $R_1'$、$R_1''$, 如取 $R_1' = R_1'' = R_1$, 且 $D_1$、$D_2$ 特性一致, 则正负半周的整流、反馈和放大完全对称, 在输出端得到线性放大的信号 $U_o'$。如将 $U_o'$ 作为整流输出, 后面接上低通滤波器, 便得到 $U_o'$ 电压平均值。在实际电路中, 由双运放 $IC_3$ 担任负反馈放大, $D_4$、$D_5$ 整流, $R_8$、$R_9$、$W_2$ 负反馈, 同时 $R_9$ 和 $C_{12}$ 又是低通滤波。$W_2$ 可调整负反馈的大小, 作为 ACV 测量 200 mV 基本量程的满度校准。$D_3$ 和 $R_5$、$R_6$ 作进一步的线性补偿, 小信号时, $D_3$ 截止, 对负反馈无影响; 信号强时, $D_3$ 导通, 负反馈加大, 放大器的增益下降, 使输入信号变化时, 读数呈线性变化。

### 2. DCA 和 ACA 测量单元

如图 5 - 33。电流测量首先进行 $I - V$ 变换, 只要将待测电流在分流电阻上产生压降就能实现。图 5 - 33 中, 200 μA 和 2 mA 挡的分流电阻借用了分压电阻 $R_{43}$、$R_{42}$; 20 mA 分流电阻是 $R_{40}$、$R_{52}$; 200 mA 挡的分流电阻是 $R_{41}$; 10 A 挡的分流电阻是 $R_{52}$, 并设单独的 10 A 插口, 保证安全。各挡分流电阻和该挡满度电流之积满足小于 200 mV, 这样把 200 μA ~ 10 A 电流转化为 0 ~ 200 mV 电压。同 ACV 测量那样, ACA 的测量也经 AC/DC 变换, 变换电路与 ACV 共用。$D_1$、$D_2$ 保护二极管, 防止用电流挡误测电压时损坏仪表。

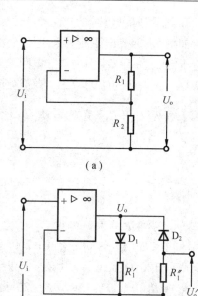

**图 5 - 32　线性半波整流电路**
(a)负反馈放大;(b)线性半波整流

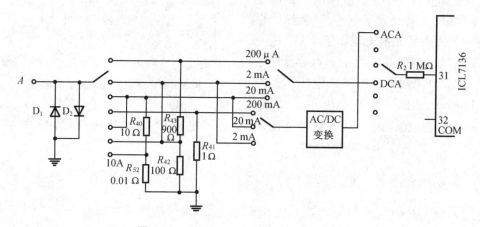

**图 5 - 33　DCA、ACA 测量单元等效电路**

**3. 电阻测量单元**

如图 5-34。电阻测量采用比较法。芯片的基准端(35)、(36)脚接基准电阻 $R_r$,并产生基准电压 $U_r$。图 5-34 中的基准电阻 $R_r$ 和电压测量的分压电阻共用,$R_r = R_{42} + R_{43} + \cdots + R_{47} = 10 \text{ M}\Omega$。输入端的(30)、(31)脚接被测电阻 $R_x$,并产生输入电压 $U_x$。设流过基准电阻的电流为 $I$,显然 $U_r = IR_r$ 及 $U_x = IR_x$ 作比式 $\dfrac{U_x}{U_r} = \dfrac{IR_x}{IR_r} = \dfrac{R_x}{R_r}$,则 $U_x = \dfrac{R_x}{R_r}U_r$。再由 $U_x = \dfrac{N_2}{N_1}U_r$,得到 $\dfrac{N_2}{N_1} = \dfrac{R_x}{R_r}$,解出

$$N_2 = \frac{R_x}{R_r}N_1 = \frac{R_x}{R_r}1\,000 \tag{5-22}$$

其中,$N_2$ 为测量结果。可见 $N_2$ 正比于 $R_x$。对不同挡,$R_r$ 值不同。例如 200 Ω 挡,$R_r = R_{42} = 100 \ \Omega$,$N_2 = 10R_x$;2 kΩ 挡,$R_r = R_{42} + R_{43} = 1 \ \text{k}\Omega$,$N_2 = R_x$;20 kΩ 挡,$R_r = R_{42} + R_{43} + R_{44} = 10 \ \text{k}\Omega$,$N_2 = 0.1R_x$;⋯⋯以此类推得到其余诸挡。那么测量结果是否满足 $U_x = 2U_r$ 呢?回答是肯定的。由于流过基准电阻和被测电阻的电流相同,所以 $U_x = 2U_r$ 改写成 $R_x = 2R_r$。我们不妨验算几挡:200 Ω 挡,$R_x = 200 \ \Omega = 2R_{42} = 2 \times 100 \ \Omega$;2 kΩ 挡,$R_x = 2 \ \text{k}\Omega = 2(R_{42} + R_{40}) = 2(0.1 + 0.9) \ \text{k}\Omega$,其余各挡照此算出。图中其他元件的作用是:$BG_3$、$C_6$、$R_3$ 具有限幅、滤波作用;$R_t$ 为正温度系数的热敏电阻,起温度补偿作用;$BG_2$ 为简易稳压器,使(36)脚到 COM 端被钳位于 0.7 V。这样做一方面使改换量程时,其准电压不波动,对测量无影响;另一方面保证基准电压小于 1 V。这一点很重要,如果基准电压大于 1 V,容易损坏芯片。注意到电阻测量时基准电压不是固定的 100 mV,而随挡电阻和 $R_x$ 变化,但这

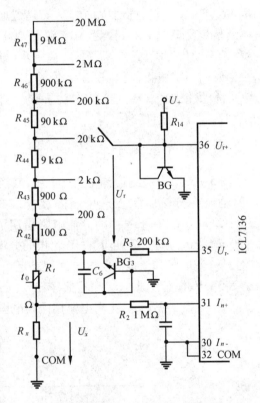

**图 5-34  电阻测量单元等效电路**

正是我们所需要的。因为电阻测量是比例法,各挡电阻和 $R_x$ 成比例变化,并始终满足 $R_x = 2R_r$,由此实现了电阻测量的数字化。

**4. 电容测量单元(图 5-35)**

电容的测量以 $IC_2$ 双时基 ICM7556 为核心组成多谐振荡器和单稳电路(7556 是 CMOS 器件,而 556 是 TTL 器件)。7556 内部封装两个 555,其引脚如图 5-36 所示,其中(1)~(6)脚和(8)~(13)脚各为一支 555。555 是人们熟知的集成块,应用相当灵活,其触发端与阀值端短接并接入 RC 定时元件,就组成多谐振荡器;其放电和阀值端短接并接入 RC 延时

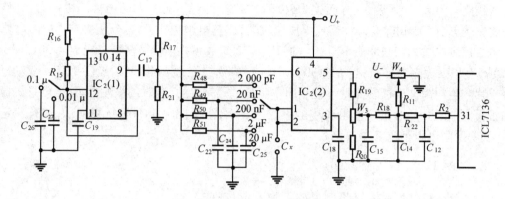

**图 5-35 电容测量单元的等效电路**

元件就组成单稳态。在图 5-35 中,IC$_2$(1)组成多谐振荡器,作为测量信号源,从(9)脚输出矩形波,其振荡频率

$$f = \frac{1}{(R_{16} + 2R_{15})C\ln 2} \qquad (5-23)$$

今 $R_{15} = 300$ kΩ,$R_{16} = 150$ kΩ,$C$ 取值分两挡,分别是 $C_{26} = 0.1$ μF 和 $C_{27} = 0.01$ μF,代入式(5-23),计算出振荡频率分别为 20 Hz 和 200 Hz。200 Hz 作为 $C_x \leqslant 2$ μF 的测试源,20 Hz 作为 $C_x = 20$ μF 的测试源。(9)脚输出方波经 $C_{17}$、$R_{17}$、$R_{21}$ 微分成尖脉冲加到 IC$_2$(2)的(6)脚,作触发脉冲。

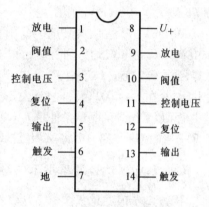

**图 5-36 ICM7556 引脚**

IC$_2$(2)组成单稳,被测电容 $C_x$ 和 $C_{23}$ ~ $C_{25}$、$R_{48}$ ~ $R_{51}$ 为单稳延时元件,分四挡可调,暂稳态时间(脉宽)由下式给出

$$T_w = 1.1RC \qquad (5-24)$$

各挡 $RC$ 参数不同,$T_w$ 亦不同。下面以 2 000 pF 挡和 20 nF 挡为例计算($C_x$ 取最大值)。2 000 pF挡,$R = R_{48} = 998$ kΩ,$C = C_x = 2$ 000 pF,计算 $T_w = 2.2$ ms;20 nF 挡,$R = R_{49} = 99.8$ kΩ,$C = C_x // C_{23} = 218$ pF,计算 $T_w = 0.024$ ms。由于 IC$_2$(2)受 IC$_2$(1)的负尖脉冲触发,其(5)脚输出仍为矩形波,只是其脉宽随被测电容 $C_x$ 而变化,此矩形波经 $C_{13}$、$C_{14}$、$C_{15}$、$R_{18}$、$R_{22}$ 滤波,平滑为直流电压。显然 $C_x$ 正比于该电压,由此实现了 $C-V$ 转换,加到芯片(30)、(31)脚进行 A/D 变换,实现电容测量的数字化。

电路中的 $W_4$ 为机内调零电位器,可消除零漂和寄生电容的影响;$W_3$ 为基本量程校准电位器;$C_{23}$ ~ $C_{25}$ 与 $C_x$ 并联,具有补偿作用,使测量值可靠,它也是平稳的延时元件。

### 5. 检查线路通断的测量单元

这项功能可以检查线路电阻小于 30 Ω 时,蜂鸣器发出叫声;线路电阻在 200 Ω 以内,还可直接数字显示。显然,它是利用 200 Ω 电阻挡扩展而成的,测量线路直接参看电原理图。

被测线路电阻 $R_x$ 接入后,一方面去 7136(31)脚进行测量;另一方面由 $K_{1-4}$ 的闭合,线路电阻将影响 $IC_3$(6)脚电位。$IC_3$ 组成电压比较器,比较电平由 $R_{39}$、$R_x$ 分压决定。$IC_3$(7)脚输出电平控制二输入四与非门 $IC_5$、$IC_5$ 的门 1、门 2 组成可控 RC 振荡器。当 $R_x \geqslant 30\ \Omega$ 时,$IC_3$(7)脚为"0",振荡器停振;当 $R_x \leqslant 30\ \Omega$ 时,(7)脚为"1",振荡器起振,经门 3、门 4 驱动压电蜂鸣片产生叫声。二极管测量也是利用本测量单元完成的,这时的被测电阻 $R_x$ 就是二极管的正反向电阻。一般正向电阻较小能以数字显示,测反向电阻有超量程指示,如有确定读数,说明反向电阻小或击穿。

### 6. 三极管 $\beta$ 值的测量单元

如图 5 – 37,以 NPN 管为例说明。测 $\beta$ 值依据定义 $\beta = \dfrac{I_c}{I_b}$ 进行。$I_b$ 由 $R_{30}$ 提供,$U_+$ 和 COM 之间电压为 2.8 V,调 $R_{30}$ 使 $I_b = 0.01$ mA,则 $\beta$ 正比于 $I_c$。又因 $I_c \approx I_e$,故 $I_e = 0.01\beta$ mA,$I_e$ 在取样电阻 $R_{10}$ 上产生压降,即 $U_{In} = 0.01\beta R_{10} = 0.1\beta$ mV,恰好利用 200 mV 量程测量,但应去掉小数点,系数 0.1 变成 1,于是 $U_{In} = \beta$。当 $I_c$ 在 10 μA ~ 10 mA 变化时,$\beta$ 在 1 ~ 1 000 范围内变化,实现了 $\beta$ 测量的数字化。从中也可以看出 $\beta$ 的测试条件是 $I_b = 10$ μA,$U_{ce} = 2.8$ V。至于 PNP 管的测量电路只需将 $ce$ 极互换即可。

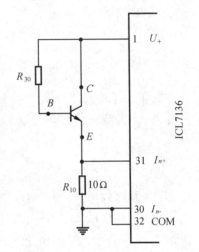

图 5 – 37　$\beta$ 值测量单元等效电路

### 7. 小数点驱动和欠压指示电路

小数点驱动由二输入四异或门 CD4070 组成(图 5 – 38)。异或门的特点是两个输入端相异(电位不同)时输出高电平。本电路中由一个输入端是 50 周方波,另一输入端接高电平,则输出的 50 周方波反相。例如开关置右边第一挡,(13)脚高电平,(11)脚输出的 50 Hz 方波反相,加到个位小数点笔画上,恰与 LCD 显示器背电极的 50 Hz 方波相位相反,形成电位差,于是个位小数点亮,其余类推。

仪表的欠压指示电路用以防止叠层电池电压下降到 7 V 时,与芯片的稳压值相接近,造成测量误差或工作不稳定,故用 $BG_3$ 检测。正常时,$R_{23}$、$R_{24}$ 分压使 $BG_3$ 导通,集极输出低电平加到异或门(9)脚,(10)脚输出与背电极相位相同的方波,故欠压指示符号不亮。当电压降到 7 V 时,$BG_3$ 截止,集极输出高电平,使异或门(10)脚输出与背电极相反的方波,LCD 欠压指示符号亮。

### 5.7.4　仪表的使用、校准与维护

### 1. 使用

(1)测量前核对量程开关是否正确,输入插孔不得接错。测电压或电流时,应事先估计被测量的大小,先选高量程,视情况衰减。测量时如出现过载指示、欠压显示、蜂鸣声时,应加以处理。

(2)交流测量以正弦有效值定度,故测非正弦或失真正弦波时读数有误差或无意义。本仪表带宽 40 Hz ~ 1 kHz,当被测交流量在此带宽外,测量精度下降。

(3)测电阻时不得带电测量,防止电阻压降串入表中引起故障。

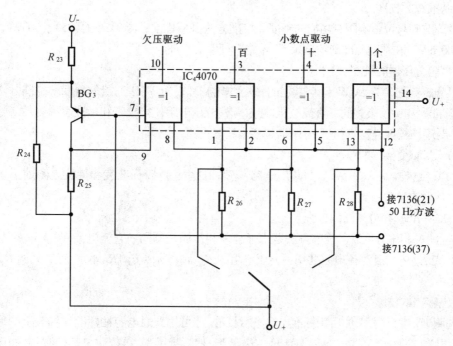

图 5-38  小数点驱动和欠压指示

(4)测三极管时,注意测试条件 $I_b = 10 \ \mu A$, $V_{cc} = 2.8$ V,工作点偏低,所以测得的 $\beta$ 值较低。另外测漏电流大的三极管,读数不准。

### 2. 维护

(1)仪表出现故障,首先检查电压,可直接在芯片的引脚上测,几个关键点是:(1)、(26)脚电源电压 9 V;(1)、(32)脚内部稳压输出 2.8 V;(35)、(36)脚内基准源 100 mV。

(2)用示波器测波形,主要测试点是:(38)、(39)、(40)脚为 40 kHz 钟脉冲;(27)脚积分锯齿波;(2)~(25)脚七段码、背电极、小数点驱动波形,50 Hz 方波。此外还可进一步检查 7556 的 (5)、(6)、(9)脚多谐振荡波形。

(3)鉴于仪表各测量单元有独立电路,亦有共用电路,可利用功能开关和量程开关置不同位置来检查故障。例如,ACV、ACA 测量不正常,查 AC/DC 变换器;DCV、ACV、Ω 不正常,查电阻分压器;$C$ 挡测量不正常,查 7556 及外围元件;所有功能均不正常,查芯片 7136。

(4)对缺笔画故障,可短接 7136 的(1)、(37)脚,LCD 应全亮。如缺笔画,应考虑 LCD 是通过导电橡胶和 7136 相连的,当 LCD 显示屏松动会因接触不良而缺笔画,需重新固定。

(5)在置换器件时注意 7136,7556 都是 CMOS 器件,易遭静电破坏,所以要有防静电措施。在焊接时,电铬铁的外壳要接地。

### 3. 校准

仪表出厂已经过厂家校准,使用中由于更换元件或元件参数老化、漂移等原因,使仪表精度下降,所以仪表须定期校准。

(1)基准源的校准

基准源准确与否影响所有功能的精度。校准方法是用标准表测 7136 的(35)、(36)脚,调 $W_7$ 使之为 100 mV。在基准源准确的情况下,才能进行以下校准。

(2)电阻分压器的校准

电阻分压器是 DCV、ACV、$\Omega$ 挡共用的,故它影响 DCV、ACV、$\Omega$ 三挡的精度。校准方法用比对法,以标准表和待校表测同一直流电压,通过调整分压电阻使待校表和标准表的读数一致。电阻分压器要逐挡校准,显然对电阻分压器的要求比较严格。

(3)AC/DC 变换器的校准

AC/DC 变换器是 ACA、ACV 的共用电路,仍采用比对法,以标准表和待校表测同一正弦电压,调 $W_2$ 使两表读数一致。

(4)DCA、ACA 挡分流器的校准

DCA、ACA 共用分流器。校准方法是用标准表和待测表测同一直流电流,调整分流电阻,使两表读数一致。考虑到分流电阻共用了分压电阻的 $R_{42}$、$R_{43}$,所以 $R_{42}$、$R_{43}$ 不宜变动,只调 $R_{40}$、$R_{41}$、$R_{52}$ 即可。

(5)电容挡的校准

首先调 $W_4$ 进行调零,然后用标准电容进行校准,亦可用普通电容在标准电容表上测取数值作为标准电容。标准方法是先校 2 000 pF 挡,调 $W_3$ 使读数准确,再依次校其他各挡,如读数欠准,不可再调 $W_3$,而调 $R_{49}$、$R_{50}$、$R_{51}$ 之值满足。

(6)$\beta$ 挡校准

由于 $\beta$ 的测试条件是 $I_b = 10 \ \mu\text{A}$,$V_{cc} = 2.8 \text{ V}$,所以必须在这个条件下以标准表测取一个已知的 $\beta$ 值,来校待校表。如欠准,可改变 $R_{10}$ 或 $R_{30}$ 满足。

以上校准,只要能满足本仪表规定的精度即可。当然,影响精度的原因很多,特别是器件上,除上述涉及的元件外,还有一些。如积分电容、电阻;自校零电容;基准源记忆电容;AC/DC 变换器的运放。对它们的要求是精度高、漂移小、漏电小,对转换开关要求接触良好,这些都构成了影响精度的因素。

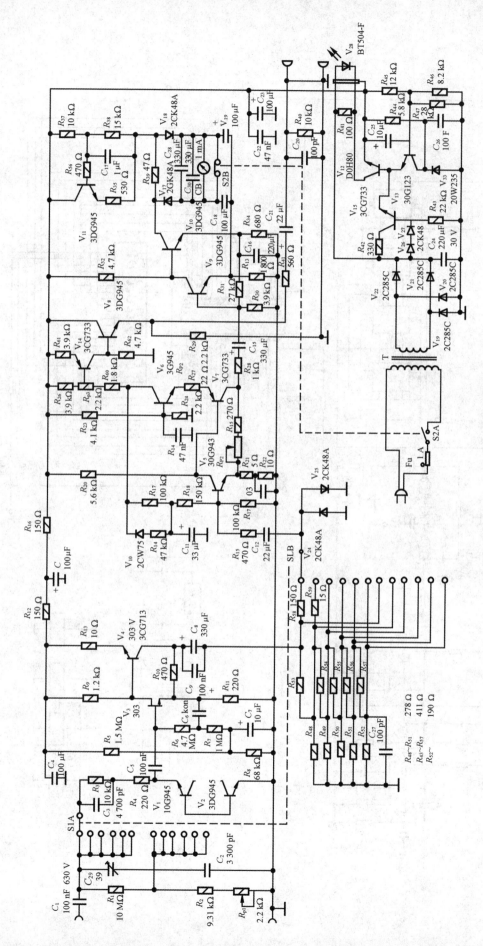

附图1　SX2172型交流毫伏表电原理图

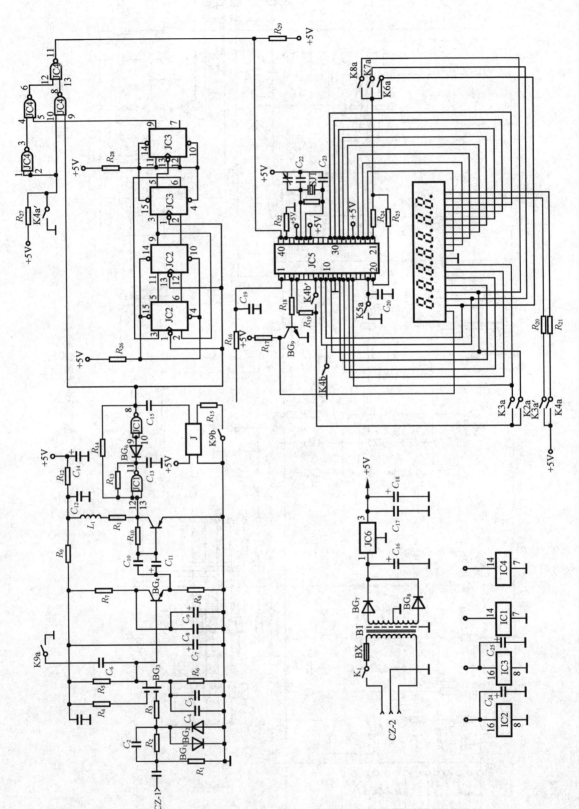

附图9  HWS3342数字频率计电原理图

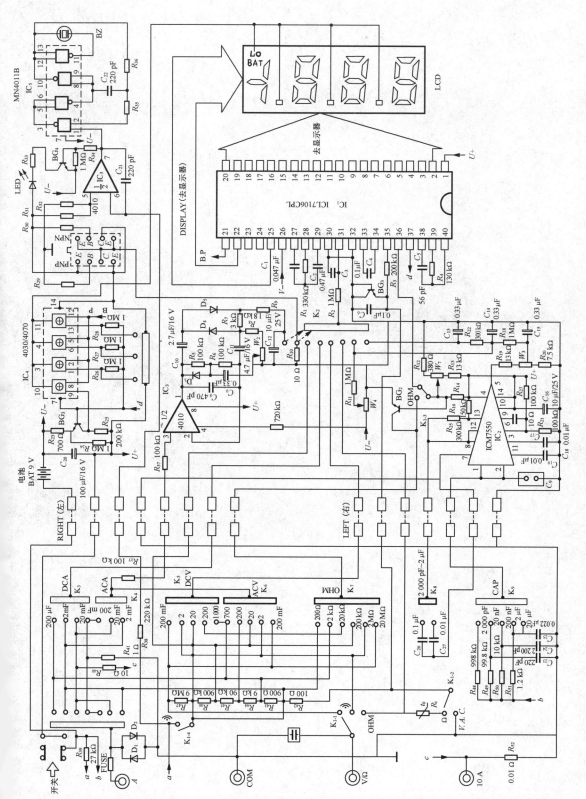

附图10 DT-890型数字万用表电原理图

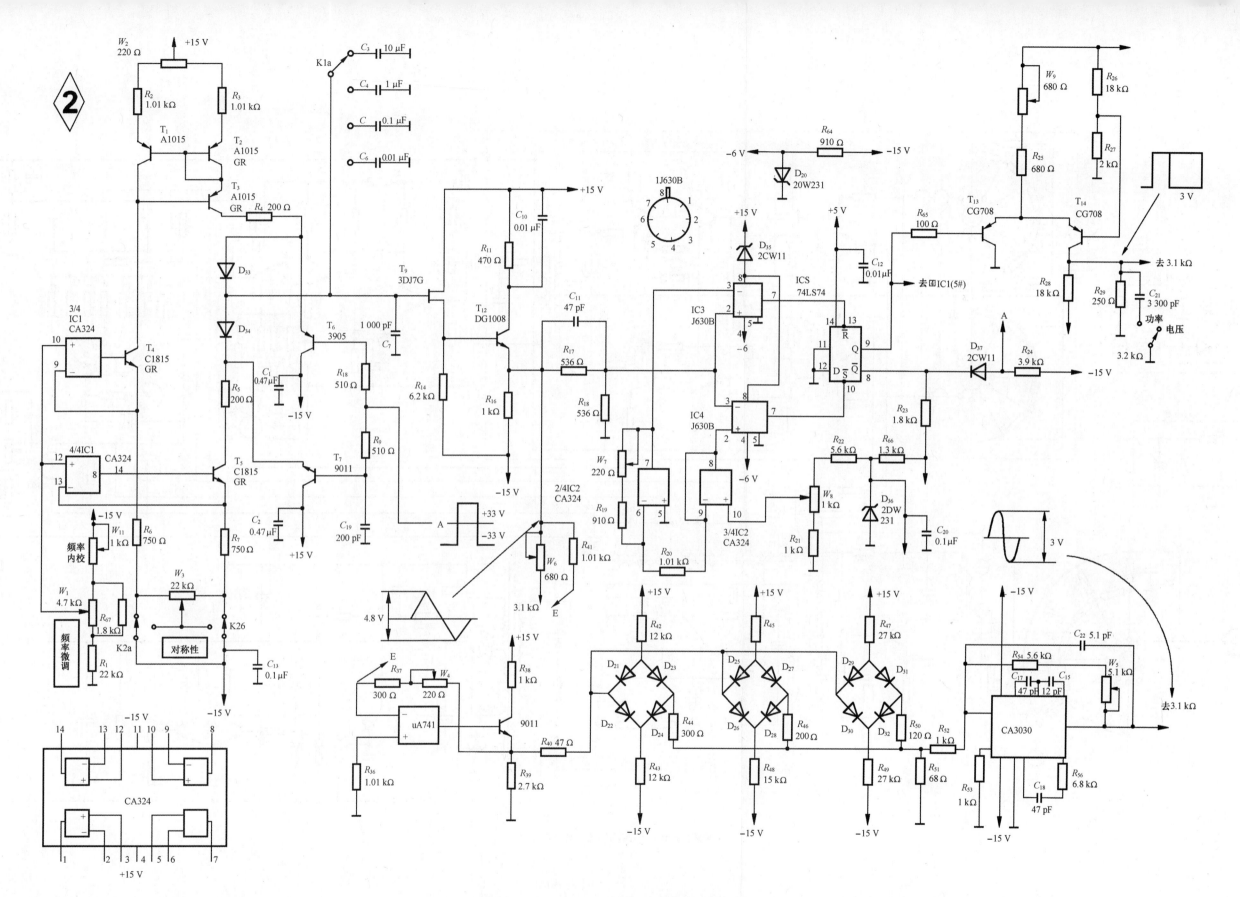

附图3　YB1631功率函数发生器电原理图(三角波发生)

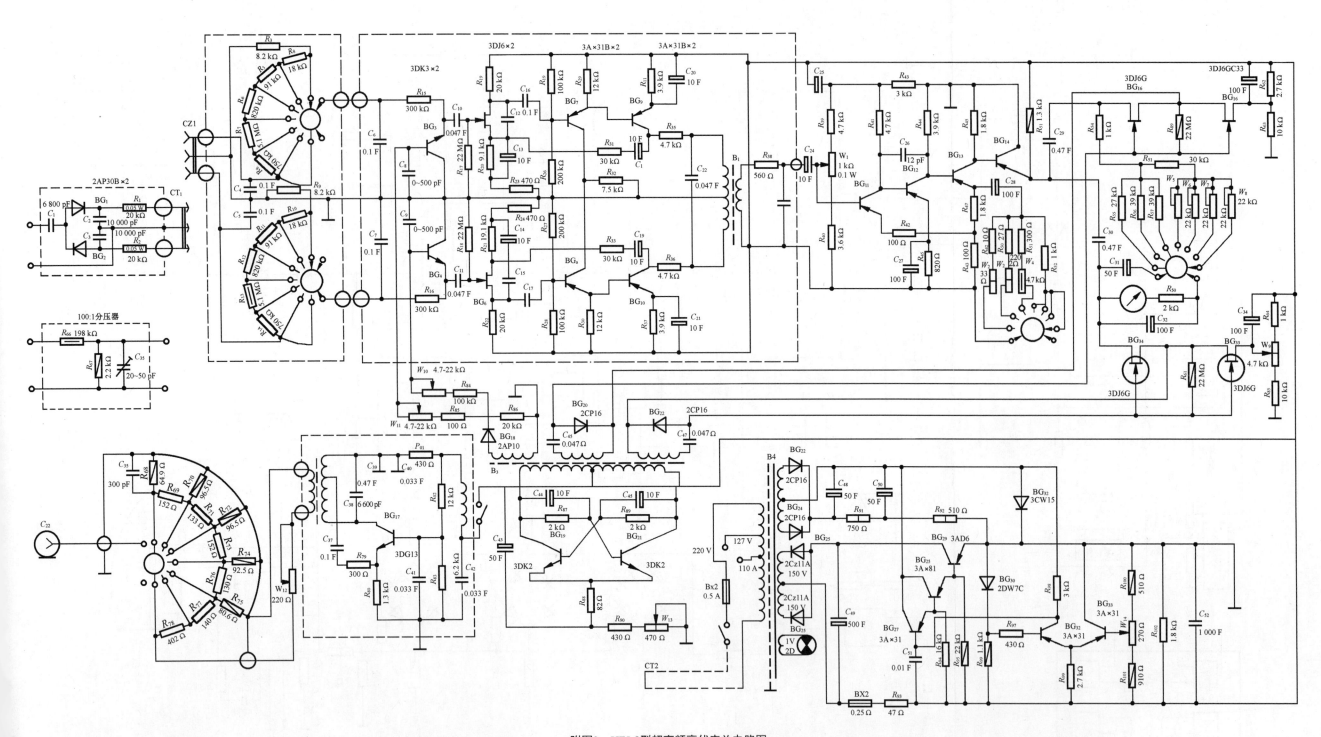

附图2　HFJ-8型超高频毫伏表总电路图

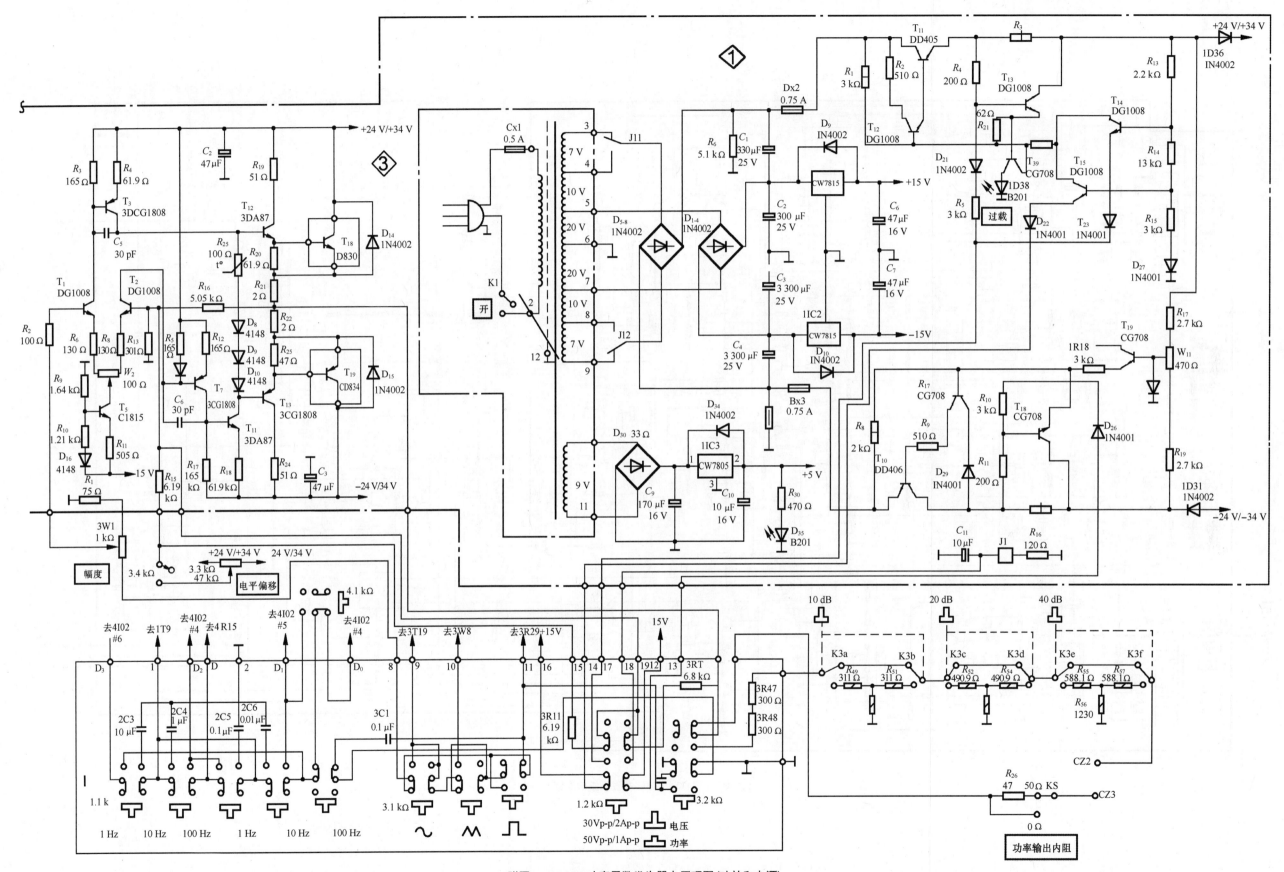

附图4　YB1631功率函数发生器电原理图(功放和电源)

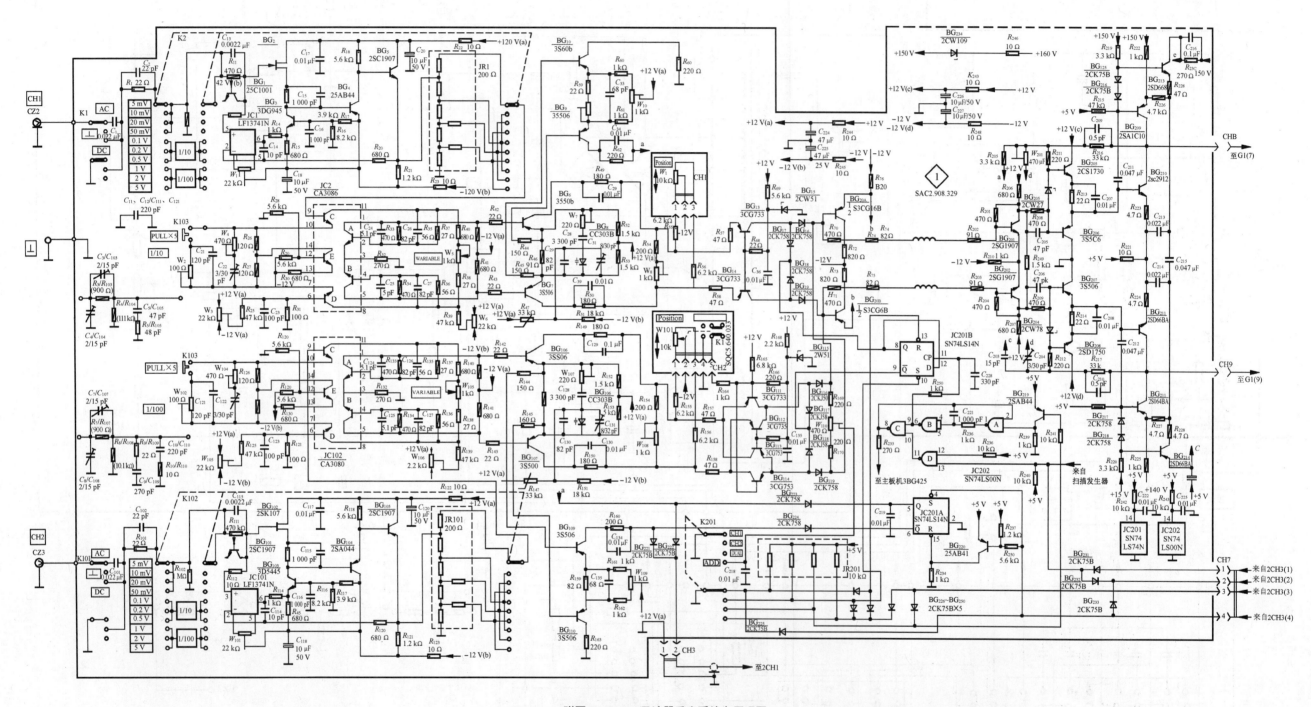

附图5　XJ4316示波器垂直系统电原理图

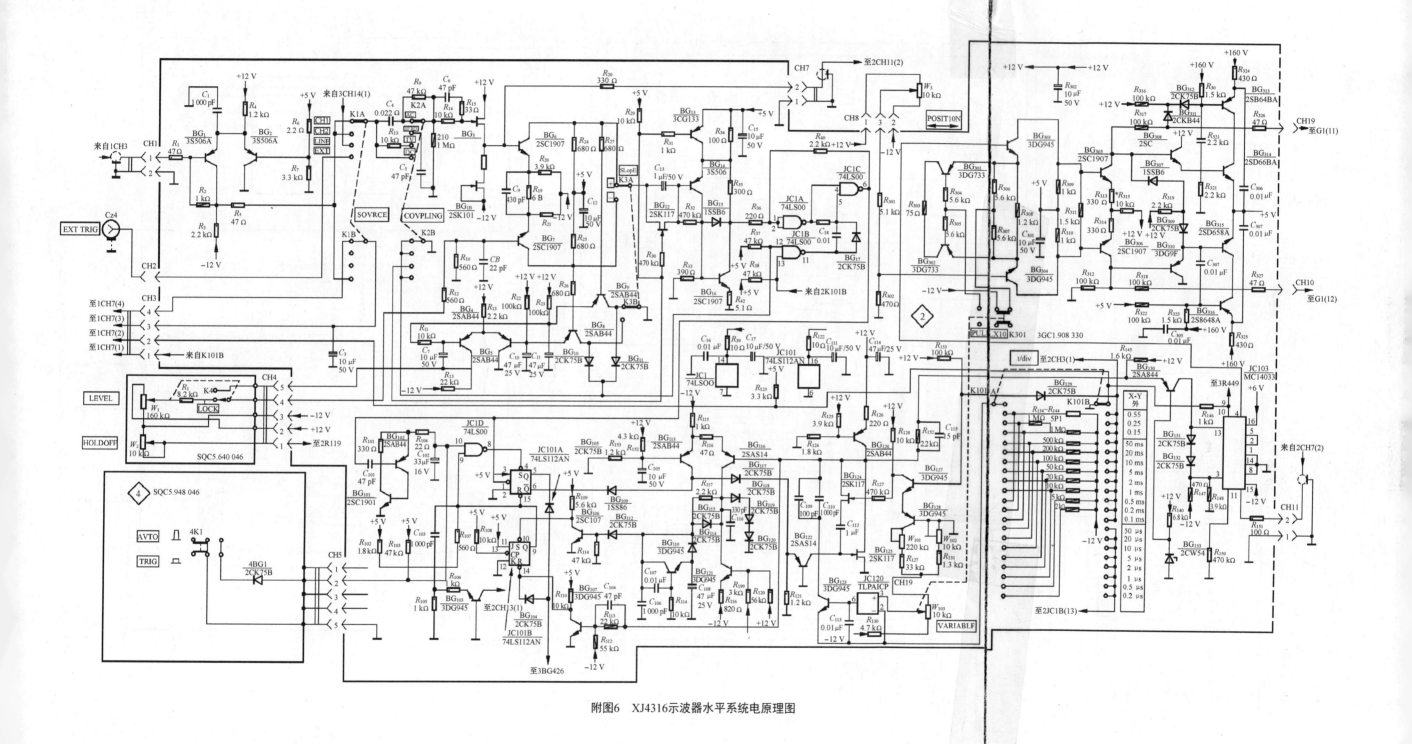

附图6　XJ4316示波器水平系统电原理图

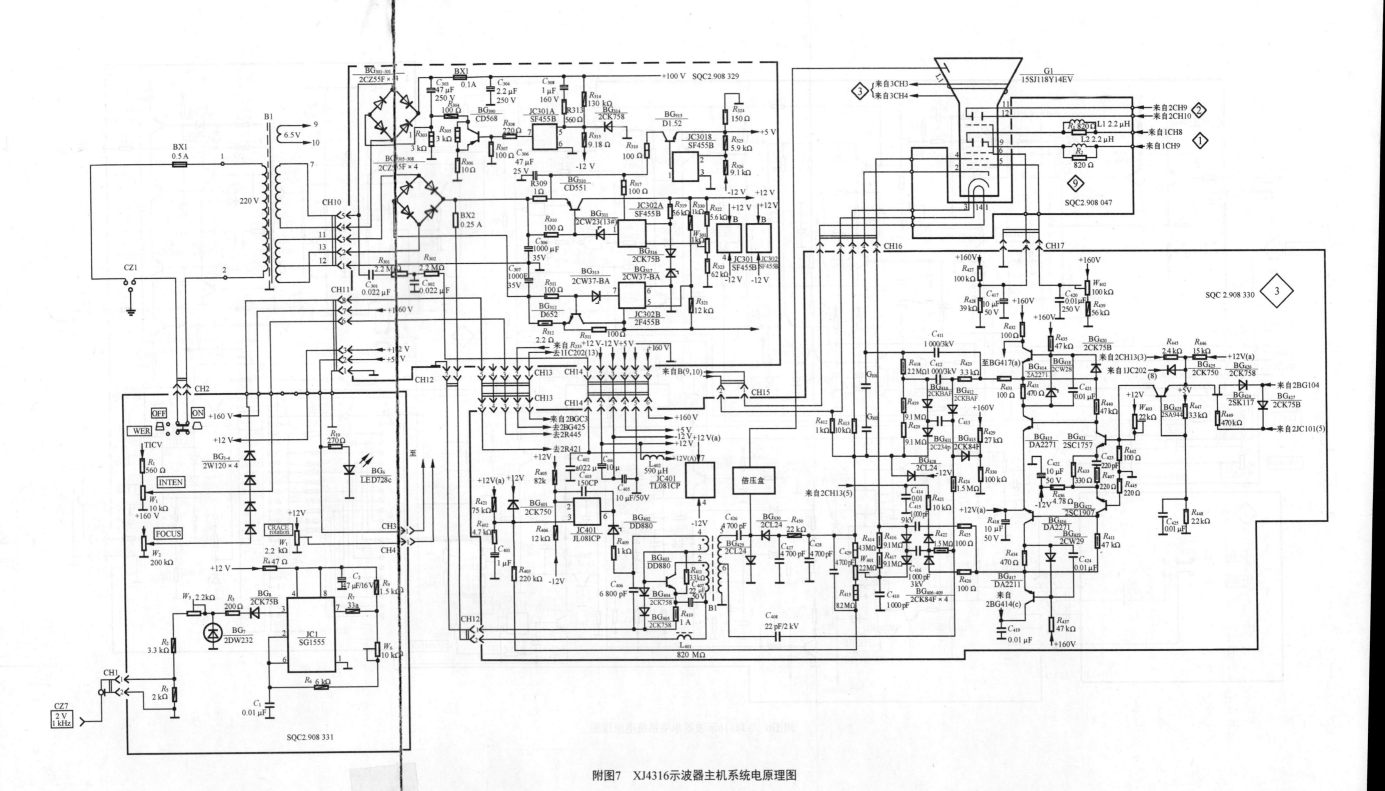

附图7　XJ4316示波器主机系统电原理图

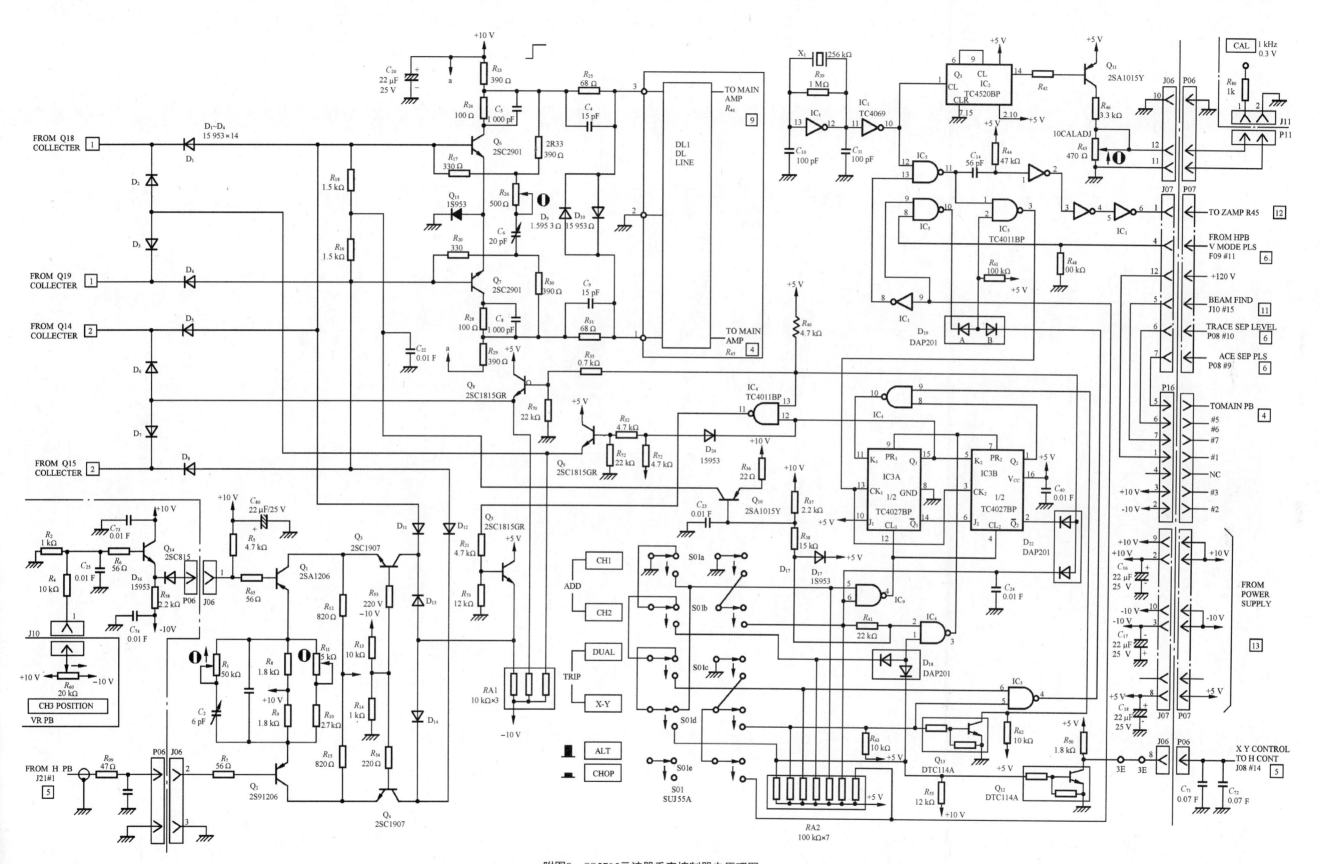

附图8　SS5705示波器垂直控制器电原理图